WHAT WOULD YOU FIGHT FOR

NOTRE DAME UNIVERSITY

名校公开课

美国圣母院大学一次面向世界的公开课

周 太 ◎ 编著

你为什么而奋斗

广东旅游出版社
GUANGDONG TRAVEL & TOURISM PRESS
悦读书·悦旅行·悦享人生

图书在版编目（CIP）数据

圣母院大学·你为什么而奋斗／周太著.—广州：广东旅游出版社，2014.4
　　ISBN 978-7-80766-757-5

Ⅰ.①圣… Ⅱ.①周… Ⅲ.①成功心理—通俗读物 Ⅳ.① B848.4-49

中国版本图书馆 CIP 数据核字 (2013) 第 299922 号

责任编辑：梅哲坤
封面设计：水天缘
责任技编：刘振华

广东旅游出版社出版发行
（广东省广州市天河区五山路 483 号华南农业大学公共管理学院 14 号楼 3 层
邮编 510642）
邮购电话：020-87348243
广东旅游出版社图书网
www.tourpress.cn
北京毅峰迅捷印刷有限公司
（通州区潞城镇南刘各庄村村委会南 800 米）
710 毫米 ×1000 毫米　16 开　18 印张　214 千字
2014 年 4 月第 1 版第 1 次印刷
定价：36.00 元

[版权所有　侵权必究]

本书如有错页倒装等质量问题，请直接与印刷厂联系换书

前 言
FOREWORD

　　人的一生可能会有无数的奋斗目标，不同的年龄阶段思考的问题也会不尽相同。在我们成年的最初阶段，我们大多数人都会为自己未来的前途而努力奋斗。或许在那个时候，我们开始意识到未来对于自己来说有多么重要，我们不但要为逆转自己的命运而奋斗，还要为了自己家庭的改善而拼搏。但你有没有想过，除了我们自己，除了那些爱我们的家人，身为这个世界上的一名公民，我们究竟还能为这个世界做些什么？地球是我们人类的共同家园，造物主之所以让富有智慧的人类来管理它，必然是出于一种美好的期待：他们希望他们能够安居乐业，在这里享有幸福的生活，同时也希望他们能够把这一漂亮的蓝色星球建设得更加美好。

　　而事实上，人类并没有我们想象中的那么聪明和强大。由于私心、叛逆、疾病、灾难等各个方面的影响，我们常常会在生活中面临各种困境和尴尬，很多人时常会因为无助而在绝望的边缘左右徘徊。作为一所富有信仰的世界名校，圣母院大学长久以来致力于改变这些令人痛苦的现状。在他们看来，早在人类的初始，上天就已经将处理这些难题的方法赐给了所有人，只要大家能够互相帮助，心怀爱心，用自己现有的能力和知识帮助其他需要帮助的人，就可以有效地规避和解决很多重大难题。尽管不同的人有不同的兴趣，从事着不同的行业，对于生活也有不同的要求和想法，但每个人都可以利用自己擅长的技术和知识，不断地奋斗，最终在成就别人梦想的同时成就自己的人生。

圣母院大学历史悠久，始建于19世纪中期，在美国这片神奇的土地上历经了一个多世纪的辉煌，无论是从声誉还是从教学成果上都得到了世界范围内的高度认同。它是一所私立天主教大学，也是一所研究型大学。作为美国精英大学中的贵族典范，其本科教育稳居全美20所顶尖学府之列，成为很多年轻学子向往的知识圣殿。由于承载了历史悠久的教育积淀，这所大学非常注重人类完美特质的塑造和培养，从学员入学的第一天开始，老师就开始通过各种方式潜移默化地帮助他们树立正确的人生观、价值观，与他们一起探讨自我理想与世界未来之间的必然联系。在他们看来，只有当一个人非常清楚自己究竟在为什么而奋斗，可以用一种博爱之心去帮助别人的时候，他们才会对自己所要学习的知识，未来所要从事的职业倾注自己更多的心血，而这恰恰可以帮助世界解决各种各样的难题。

长久以来圣母院大学已经源源不断地为社会输送了无数优秀的学员，而这些学员有很多人都在自己的专业领域内发挥着相当重要的作用。更令人可喜的是，在这所博爱至上的校园熏陶下，很多非美国本土的国际学生也在这里接受了相当好的教育，他们身怀豪情壮志，希望通过自己的努力，有效地改变自己祖国的的现状，在改变自己命运的同时，成为扭转更多人命运的指路明灯。

本书结合圣母院公开课《你为什么而奋斗》的短片课程，结合其办学特色，从一些世界重大事件和社会现象入手，引申出人究竟应该为什么而奋斗的话题。通过学校各个专业，各个重大课题项目对于人们当下乃至未来的帮助，为读者呈现了树立正确人生观和价值观的重要作用。整本书没有过于华丽的辞藻，没有过于高深的专业理论，一字一句倾泻的是人与人之间真挚的友爱，寄托的是我们对于未来的美好期待。相信这种发自内心的真情必将感染更多的人，使更多的人重新树立自己的梦想和目标，投入到帮助更多人解决问题的顽强奋斗当中去。希望我们的努力和爱心，能帮助和引导更多的人以一个正确而崭新的角度审视人生，在完善自我的同时帮助更多的人解决困难，实现梦想。尽管我们每个人的力量并不强大，但只要我们尽心做好自己的本职工作，带着信仰去经营生命中的每一天，就必然可以在让别人受益的同时成就更高的自我价值。为此，我们将继续为自己的信仰而努力奋斗，为自己，为别人，为明天，也为整个世界。

编著者

目 录
CONTENTS

第一章 每一条原则,都有为之奋斗的理由

了解自我,才能为世界创造更多价值 /003

上下求索,问问你的存在意味着什么 /007

诚实需要肯定,那是造物主的恩赐 /013

尊重多样性,才能赋予世界新的成功 /019

道德是衡量世间万物的第一标准 /023

每个人都有能力影响世界 /028

目录

第二章　争取机会，让更多人领受它的青睐

你的贡献，是你一生的意义所在　/035

我究竟在等一个怎样的机会　/040

你可以帮助很多人实现梦想　/044

机会当仁不让，但我可以帮别人得到更多　/048

用知识成就期待，用知识点亮人生　/052

用设计之美，为众人再造机遇神话　/056

让更多的人，因你的存在而与众不同　/060

我有能力帮更多人获得财富　/064

目 录

第三章 奋斗之心,只因深知肩负责任之重

重新思考,什么才是真正的事业 /071

跨越界限,才能真正看清自己的使命 /076

相信你的笔尖,相信文字的生命力 /081

世界除了物质财富外,更需要的是社会价值 /086

焚毁文化垃圾,让更多的人捧起书本 /091

我们要为社会的服务者提供帮助 /097

去帮助更多的人,找到他们最需要的东西 /101

目录

第四章 正义之举，总要有人为之摇旗呐喊

让正义的光环普照大地 /107

不管颠覆什么，都要维护正义的位置 /111

法律不仅可以执行权力，还可以维护尊严 /115

为那些无辜的生命而战 /121

世界不应漠视那些脆弱的眼神 /126

帮助更多的人争得应有的权利 /131

用行动控制灾难，用行动打击犯罪 /136

目录

第五章 拓宽我的视野，只为放宽你的心境

我的预见，成就的是一个辉煌的未来 /143

预计未来得失，才能抑制当下的欲望 /147

先调整自己，再去调整世界 /152

用我的真心，打开一颗颗封闭的灵魂 /157

为明天的可持续发展而努力 /161

地球有多少潜力，等待着发现它的人们 /165

当下的发奋，是要帮你规避未来的纠结 /169

目录

第六章 大爱之心,为了我们的孩子

假如有一天我们为人父母 /175

孩子是家庭的梦想,也是国家的未来 /179

努力为孩子培养一流的老师 /184

更多家庭会在学校中找到希望 /189

帮下一代改变命运,助下一代走出贫困 /193

幼小的灵魂,需要有人倾情塑造 /197

我愿意成为孩子心灵的雕塑者 /202

目 录

第七章 倾尽心力，用技术点亮生命之光

从此，我们要让死神不再强大 /209

运用我的知识，让未来的世界更健康 /213

有了医学技术，救助就会延展到每一个角落 /218

理解病人的需求，并用心去满足他们 /223

在医疗创新中，实现生命的奇迹 /228

把生命之光传播给更多的人 /232

让享受先进医疗成为每个人的权利 /236

目录

第八章 用自己的努力，完成别人的梦想

人生不仅仅只是为了自己而奋斗 /243

用强壮的身躯，为弱小的人赢得营养 /248

把帮助送给最需要的人 /252

做别人梦想的推动力 /256

我知道，有很多人期待着我的支援 /260

假如一定要格斗，也是为了最有意义的事 /264

别人的笑容，就是我们付出的意义 /268

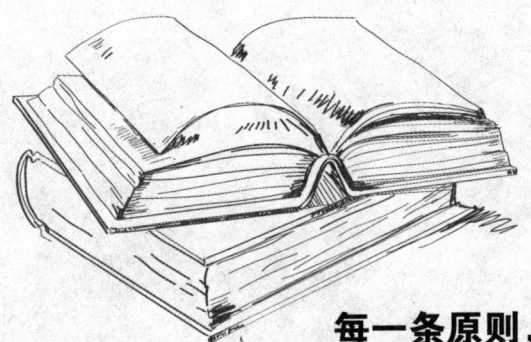

第一章

每一条原则,都有为之奋斗的理由

事实上,"原则"并非是深奥玄妙的宗教哲理,也不是不任何特定的宗教或信仰,而是经过长久文明衍化和时间验证而产生的颠扑不破、不言自明的真理。我们每个人都有自己一定的人生之规,假如你觉得这些心中的信条坚守到底是有意义的,就绝对不能怠慢了自己的判断。事实上,这个世界上每一条原则,都有着我们为之奋斗的理由。在圣母院大学看来,假如自己的坚持能够让更多的人获益,让自己觉得生活得更有价值,能够向上天证明自己的良善和爱心,那么为此而忍受再多的苦痛也是值得的。

第一章
每一条原则，都有为之奋斗的理由

了解自我，才能为世界创造更多价值

在圣母院大学，每一个学员从入学的第一天就开始思考这样一个问题：我究竟能为这个世界做点什么？尽管每个人的能力有限、特点不同，但只要将这一课题纳入思维的主体，就必然有自信：在不久的将来，在人生的轨迹中发生更多的奇迹，为整个世界创造更多的价值。

不管你身在世界的哪一个角落，也不管你从事哪个领域的工作，你首先要做的事情就是必须了解自己，了解自己对于这个世界的价值，了解自己在有生之年可以成就一些什么样的事情。在圣母院大学，自打学员进入校园的那一刻，他们就开始思考这样一个问题：我究竟能为这个世界做点什么？或许在很多人看来，这个问题未免过大了，一个人成就自己的人生已经非常不容易，更何况自己不过是一个虽已成年但并不成熟的学生呢？

随着世界经济的不断发展，不管你身处在哪个国家，都会在不经意中发现很多早已经超出原则范围的人和事，而这些人和事，已经对整个

国家乃至整个世界带来了相当大的影响。

2002年美国华尔街发生了一宗震惊世界的特大经济欺诈案件，此宗诈骗案一出，美国全民上下遭遇相当严重的信任危机。在过去几周里，盈余与经济的不确定性以及对恐怖主义及战争的恐惧使股市连续性发生大规模的震荡。受此消息影响，美国股市行情开始出现大规模的下滑。美国华尔街传奇人物、纳斯达克股票市场公司前董事会主席伯纳德·麦道夫也因涉嫌证券欺诈而被警方逮捕。这起事件致使整个世界经济都受到了相当严重的负面影响，很多家庭也因此而倾家荡产，家破人亡。也就是从那一刻起，大众对于商业开始出现了某种认知的改变。人们开始不再信赖社会，不再信赖国家的许诺，不再相信身边的任何人，而他们自己也开始慢慢忽略了一个人内心深处的责任和原则的重要意义。

或许有人要问，这到底是怎么回事？难道经济膨胀下的世界，真的就要因为原则道德的缺失而开始日益混乱吗？从这桩巨大的欺诈案中，我们不难看出，整个案件中，但凡参与操作的犯罪人员可以说都是高学历高智商，且具有相当高的领导能力和经济驾驭能力，是尖端人才。而当时被誉为华尔街传奇人物的伯纳德·麦道夫，更是在这个震惊世界的经济案件中担任着重要角色。整个犯罪过程中，他没有动用一兵一卒，却足以震荡整个世界。由此看来，当下的犯罪已经由往昔的武力犯罪，转向了高智商犯罪。我们除了痛恨这种侵犯行业原则的行为外，更多的还是要进行深刻的反思，究竟这个世界需要的是什么样的人才？是知识型人才，技术型人才，还是创意型人才呢？事实上，单以这件事情为话题来说，这一切似乎已经都不重要了。假如从情商、财商、智商、德商四个方面来进行比较，似乎前三个都远远不及第四个重要。当一个人没有道德底线，没有了自身原则的限制，那么他越是具备前三位的优秀特

第 一 章
每一条原则，都有为之奋斗的理由

质，对这个世界的负面影响就会越大，而对于不少受制群体来说就会越加危险。

为此，作为一个教育培养优秀人才的圣所，圣母院大学这个古老的具有一定神圣信仰的世界名牌大学开始率先觉醒，进行了更为深入的反思。在他们看来，人才的培养首先要注意的就是道德原则底线的培养，只有将这条原则深深印在心里，人们才能有效地抑制内心的欲望，端正自己的品行，用自己的切身行动去承担起一个世界公民所应当承担的责任和道义；只有这样才会多花一些心思去考虑，能为这个世界带来什么，而不是要从这个世界上得到什么。因此，在圣母院大学，学生入学以后的第一件事情就是要不断思考和了解自己，意识到自己未来要为这个世界做的事情，他们必须成为一名贡献者，一名向善的领导者，而不是依仗自己的才能和知识，在谋取私利的罪恶欲望下，给身边的人带来不必要的灾难。

中国人也常常会提及良心，而良心指的就是道德性和原则性。不管是哪个群体，只要公民在道德上没有自我完善，那么整个群体就很可能因为某个具备高智商犯罪能力人的一个细微举动而使整体的发展进程倒退N多年。邓小平曾说："科学技术是第一生产力。"这句话从另外一个角度承认了知识分子在整个国家发展进程中所占的重要地位和重大责任。的确，在这个知识经济社会中，各行各业需要的都是知识型人才。但是，在世界各个角落发生的各项问题中，有些问题也在警醒着我们："相比知识，道德和原则才是最重要的。一个有道德的知识分子，会为整个世界做出相当杰出的贡献；而一个缺乏良知的高智商者，却可以通过自己的智慧摧毁整个人类文明。"因此，从这一点来说，我们不得不承认，对于知识型人才步入社会之前的教育，

必然是要引起世界范围内的广泛关注的。

圣母院大学通过课题研究与学员提问互动，以及对于其未来理想思维模式的培养教育等诸多模式，开始力求摆正学员价值观的走向和位置，不断地暗示着一代代走出校园的年轻人了解自我是怎样的重要，而了解自我后又能为这个世界做些什么。这些问题直接关系到我们自己，也关系到我们身边的人，甚至还关系到诸多我们素未谋面之人的命运。而这些人的命运将直接导致这个世界的走向，整个人类群体对于某一事物的认知和态度，以及多年后人类的发展和生存状态。因此，不管什么时候，每一个人都必须承担起自己的责任。假如我们是世界上最优秀的群体，那么我们就一定要在自己的有生之年向世界证明我们存在的价值，因为我们愿意为它做出贡献，也愿意为它兑现我们的承诺，最大限度地为更多人谋得福利，赢得更多的财富和价值。

> **圣母院大学教育箴言：**
> 人才的培养首先要注意的就是道德原则底线的培养，只有将这条原则深深地印在心里，人们才能有效地抑制内心的欲望，端正自己的品行，用自己的切身行动去承担起一个世界公民所应当承担起的责任和道义，才会多花一些心思去考虑我能为这个世界带来什么，而不是我要从这个世界上得到什么。

第一章
每一条原则，都有为之奋斗的理由

上下求索，问问你的存在意味着什么

这个世界上每一个人的存在都是一种价值的体现，似乎从我们来到世间的那一刻起，上天就已经赋予了我们此生必须要完成的使命。因此，作为这世界的一个成员，我们首先要去考虑的一个问题是：问问自己，你的存在对于这个世界来说究竟意味着什么？是平凡，是灾难，还是为更多的人做出贡献的人？

当我们来到这个世界的时候，伴随着母亲的阵阵产痛，最终传出了有生以来的第一声清脆的啼哭。这是每一个人类生命的开端，在那一刻身边的所有亲属都对我们给予了美好的祝愿，也就是从那一天起，在我们对未来是什么还都不太明白的时候，生命就已经赋予了我们作为一个人的义务和使命。当我们慢慢步入成年，心中突然有了这样一个问题："我为什么来？我能够为我身边的人，为我所在的世界做点什么？"

随着时代的进步，人们对于思想性质的追求已经逐步进入了一个更高端的层次。在知识改变命运的社会号召下，所有人都在不断地完备着自己的智慧，将更多的精力集中在自身思考力的层面上。然而，当我们看到大部分人开始将自己几乎百分之百的精力投入到智商的后天完善中时，却发现人与人乃至人与社会之间维系道德秩序的"德商"却在逐步呈直线递减趋势。

纵观近几年发生的一系列重大人为灾难性事件，我们会发现，有不少的犯罪行为都是一些具有一定高智商水准的人完成的。从恐怖袭击的策划者到真正带队实施者，从金融危机的直接操控者和运作者，从黑客网络盗窃案，到将整个企业乃至多家企业的网络系统全部陷入瘫痪事件，再到一些诈骗团伙利用高超手段进行诈骗钱财的违法活动，一系列的事实都在警示着我们这样一个问题：这个世界需要的不仅仅是知识型人才，而是具有一定道德水准的人才。知识是无形的，是没有所谓正义与不正义之分的。假如它被一个具有道德水准的人利用，那也许将会给整个世界带来不小的福分。相反倘若这一切在一些不法分子的脑海里沉积得太多，其后果一定会比我们想象的可怕得多。

一般来说，高智商犯罪者相比于一般犯罪者而言，具有更严重的破坏性。一般人只是依仗蛮力实施犯罪行动，而高智商犯罪者必将依仗自己的充沛的知识和脑力，给整个世界带来一场惊天动地的巨大灾难。或许仅凭借一个人的力量就完全可以改变世界很大一部分地区人类的命运，而这一切早已在他的脑海中形成完备的逻辑和架构。

纵观世界当下遭遇的浩劫与变革，作为一个以育人为第一职责要务的世界名校，圣母院大学依其独特的信仰文化，不断地对在校学员进行德商素质的培养和教育，通过各种形式，与学员交流探讨，并帮他们不断的深入挖掘内心潜在的价值意识，使他们逐步加深对于人生观和价值观的理解。在他们看来，随着自我认知的逐步加深，在一个人的人生轨迹中，我们也会逐层思考这样三个问题：第一，我能从这个世界上得到什么？第二，我能为这个世界做点什么？第三，我的存在对于整个世界来说究竟意味着什么？

这三个问题，看似相当类似，甚至从某种角度来说好似是同一个

问题，但其所要回答的方向以及所要表达的思想境界却是截然不同的。下面就让我们针对这三个问题，结合自身的情况，进行深入的自我思考，用心去审视，看看到底这三个问题对于我们的人生有哪些不同的引导作用。

第一，我能从这个世界上得到什么？

当我们来到这个世界，睁开双眼的时候，便看到了造物主给予我们的全部恩赐：绚丽的颜色，温馨的情感，以及每天要经历的大大小小的事情。然而面对这一切，很少有人会因此而心怀感恩之心，总是觉得自己得到的还不够多。为什么别人有的自己没有，别人快乐的时候自己不快乐呢？每每想到这里，很多人的内心就难以平静，他们在欲望的纠结中难以自拔。渴望这个世界能够给予自己想要的一切，假如得不到他们就会无比的狂躁，甚至不惜一切代价去抢掠去毁灭，在一种不平衡的病态下折磨着别人，毁灭着自己。

其实，在我们还是孩子的时候，大多数人的内心都是知足的。因此我们会发现很少会有哪个三岁左右的小孩子会向别人提出很多无理的要求。但是当我们渐渐走向成年，当看到了别人所拥有的一切自己却根本不具备，心中就会异常的苦闷。其中有一些人开始觉醒，开始寻找为自己争取，靠自己努力赢得一切的最佳路径；而有些人却开始自暴自弃，在愤恨和不公的情绪下仇视着别人，排斥着自己。因此，当一个人没有驻足于世界已经恩赐给我们的东西，而是一味地纠结于暂时没有被赋予的一切时，他们的内心世界是病态的，也是具有相当大的破坏性质的。当一个人总是在琢磨着如何去谋取，而不去考虑是不是要适当付出的时候，他们的内心是封闭的，自私的，同时也是无比苦闷的。

第二，世界能从我这里得到什么？

苦闷了很久以后，其中有一些人的心灵突然因为某种感召或感动而逐渐对世界有了更深一步的认识。他们开始意识到责任的重要性，考虑自己在这个世界上所必须要肩负的使命。当经历了人生中的诸多演绎，他们在价值观念上悄然发生着变化。他们开始放慢脚步，去体会一朵鲜花的美感、天空中鸟儿放歌的欢快。或许是因为某种共鸣的影响，他们时不时地开始被身边的人打动，内心有了一种渴望去帮助他人的向往。当他用自己的行动圆满了自己的向往，别人也会以同样的方式馈赠给他善意的感情，而这种感情恰恰就是一种真挚的爱心的表达。

或许连他们自己都没有发现，他们已经悄无声息地开始思考一个完全可以改变其一生的重大问题，那就是：这个世界能从我这里得到什么？而现在的我是不是也有这个能力，有这个愿望为它做点什么呢？于是，他们开始慢慢地将自己的小爱变成了大爱，又从大爱变成了博爱，总觉得自己的降生是因为上天的恩赐，而当自己慢慢趋于成熟的时候，必然是有这个义务去回馈给它一些东西的。他们始终都希望将自己生命中最好的一部分留给别人，而这也恰恰是世界最应该从他们脑海中得到的东西。

第三，我的存在对于整个世界来说究竟意味着什么？

当人在不断地自我完善之后，思想自然而然地就会上升到更高的境界。知识的累积，以及人生的阅历都有了相当深厚的积淀之后，他们开始意识到自己的存在对于这个世界的影响。于是他们开始思考：自己的存在对于这个世界究竟意味着什么？这个问题看似很无趣，但事实上却相当重要。因为作为一个具有高智商的人来说，他的存在对于这个世界必然会存在正面与负面的双向可能。假如其德商稳固，那么他对于这个世界来说必将是一笔宝贵的财富，相反，假如他在德商方面采取的是一种轻视的态度，那么其脑海里的所有知识必将成为他制造高智商犯罪的有利工具。这意味着，当他想实施犯罪的时候，他只需一部电话或电脑，或者一些简单的工具设备就完全可以制造一起具有世界性破坏意义的灾难。因此，我们不难看出一个具有高智商的人的德商到底在一个什么样的程度，他影响的不仅仅是他一个人的人生轨迹，极有可能还会影响到很多与他一点关系都没有的众多人群的生命安危。

针对这一系列问题的研究，圣母院大学这所历史悠久的大学意识到，越是具有明锐智商的知识型人才越是要尽可能地在自身道德修养方面加以完善。首先他们要懂得自己在这个世界上存在的真正价值是什么，明白自己来到这个世界上除了索取以外还需要不断地在奉献中赢得快乐。知道世界绝对不能因为自己的存在而使更多的人遭遇不必要的灾难和麻烦，知道自己的义务是为了帮助更多的人驱逐痛苦以找回阔别已久的幸福和希望。

当然，你的存在对于这个世界意味着什么？这个问题或许并没有固定的答案，也可以说每个人都有自己的答案。一部名为《遗愿清单》的电影中有这样一段话："一个人一生的意义很难衡量，有人认为这在于此人留下了什么；而有人则认为这在于一个人的信仰；还有人认为，这在于爱；其他人则说，生命根本没有任何意义。"无论人们如何定义自己生命的意义和目的，有一点是大家都承认的，那就是生命是一个不断发展的过程，从出生到认知这个世界，到建立起自己的价值观，再到运用自己的价值观去改变身边的事物，最后到生命的终结，与其说是一次生命的过程，不如说是一趟灵魂的旅程，而我们存在的意义就在于这趟灵魂的旅程能够给这个世界带来什么样的改变。

圣母院大学所要努力去实现的目标就是让学生们明白：金钱、名誉、

地位,这些在许多人眼中闪耀着光芒的人生追求,其实并不是我们灵魂旅程的终点所在。真正有价值有意义的人生追求会超越生命长度的限制,例如善良,同情心,无私的奉献等等,一个人只有把这些目标作为人生的终极追求的时候,我们才能说:对于我们的灵魂而言,我们的生命完全体现了存在的意义。

> 圣母院大学教育箴言:
>
> 随着自我认知的逐步加深,在一个人的人生轨迹中,我们也会层级性质地思考这样三个问题。第一,我能从这个世界上得到什么?第二,我能为这个世界做点什么?第三,我的存在对于整个世界来说究竟意味着什么?在这种层级递进的思考中,无论我们怎样去定义自己生命的意义和目的,总会在一点上达成共识,那就是:生命是一个不断发展的过程,与其说这是一次生命的过程,不如说是一趟灵魂的旅程,而我们存在的意义就在于这趟灵魂的旅程能够给这个世界带来什么样的改变。

第一章

每一条原则,都有为之奋斗的理由

诚实需要肯定,那是造物主的恩赐

诚实是这个世界上人类所具有的最为优秀的品格。当造物主将人类带到这个世界上,便将这种完美的品质馈赠给了他们,并将其设置为维系社会平衡的道德水准,不断地制约和影响着身边的人。在圣母院大学看来,诚实的道德是世间最为宝贵的精神积淀,它必须深深地镌刻在每一个学员的脑海当中,成为他们做事为人的首要准则。

我是否真正了解真实的自我,并且言行一致地向他人坦述?我是否从事一些明知是不诚实的活动?我从事这些活动的基本理由何在?在圣母院大学,每一位学生都会经常用这样的问题来叩问自己的心灵。诚实是做人最基本的准则,我们所有的成就,荣耀,甚至我们存在的意义,可以说都建立在诚实的根基之上。诚实不仅是一种美德,也是人与人之间的一种信任,这都是造物主给予人类最伟大的恩赐。

诚实并不仅仅是不说假话,在人类社会的各种活动之中,在人与人之间的各种复杂关系之中,诚实二字都在潜移默化之中担当着重要的角色,包括脚踏实地,契约精神,这些都是诚实人格的体现。对于圣母院大学的每一位学生,在学习各种知识和技能之前,都要首先学会诚实,无论在何时何地,诚实的精神都是需要肯定的。

对于即将开始自己人生奋斗历程的每一位圣母院大学的学生来说,

如何去奋斗，如何去实现自己为这个世界和身边的人做出贡献的梦想，是他们必须要考虑和计划的一件事情。人生之路应该如何去走，每一个人都会有不同的选择，在这个选择过程中，每一个人都会认识到这个世界的复杂之处，因为道路有很多，有正道，也有捷径，如何去把握，也是对人生的一种考验。不可否认，在这个复杂的社会里，很多原本值得赞美的东西逐渐被另外一些东西掩盖了光芒，而老实、诚实等词也渐渐地变了味道，这些曾经给我们带来光荣和赞扬的词，慢慢地居然让越来越多的人敬而远之，这不能不说是一种悲哀。越来越多的人开始认同这种浮夸的风气，而踏实努力奋斗的精神越来越远。殊不知人生是没有捷径的，即便是一时之间可以耍点小聪明，但是终究会付出代价。

一只毛毛虫，如果想插上美丽的翅膀在天空飞翔，就一定要经历蜕变的过程。而无数的事实告诉我们同一个结论：蜕变过程充满了痛苦。有人曾帮助幼虫把茧剪开，而出来的幼虫却只能拖着翅膀在地上跑。还有一个古老的典故，说的是埃及的金字塔顶上只有两种动物去过的痕迹：一种动物是雄鹰，另一种动物是蜗牛。雄鹰经过无数次试飞后依靠自己强劲的翅膀飞上了金字塔，而蜗牛则是靠自己一步一个脚印地向上爬，最终也抵达了与雄鹰一样辉煌的高度。如果你渴望成功，就要准备好接受苦难的洗礼，只有经历过苦难的人才会最终破茧成蝶。反之，如果一心想要走捷径的话，你得到的结果非但不会更好，反而会更加糟糕。因为上天是公平的，他们从来都只垂青自强者，而不是自欺欺人者。人生也是如此，付出与回报永远都是成正比的，不想付出而妄图得到回报，恰恰与诚实二字是背道而驰的。

2008年的6月6日，美国股市出现了15个月以来从未有过的"黑色星期五"，在这一天纽约股市道琼斯指数暴跌到了394点，其下跌幅

度甚至超过了次贷危机最高峰的2007年8月份。显然，这场次贷危机并没结束，相反似乎它的杀伤力越来越剧烈。在世界金融市场上，一股海啸级别的金融风暴在毫无征兆的情况下悄然登陆，形成这次风暴的主角是很多人都不知道的信用违约掉期。

实际上，早在1995年就已经出现了信用违约掉期的现象。所谓信用违约掉期，它是由摩根大通首创的一种金融衍生产品，这种产品可以当成一种金融资产的违约保险。很长一段时间以来，持有金融资产的机构始终都在面临着一种潜在的危险，由于债务问题不能近期支付利息，持有债权的机构会发现自己手中的金融资产在不断贬值。因此，如何将这种违约风险"剥离"和"转让"是美国金融界所要面临的一大挑战。在这个时期，信用违约掉期出现了。它的出现，在某种程度上满足了当时美国金融市场的需求。信用违约掉期作为一种高度标准化的合约，能够使一些持有金融资产的机构找到愿意为这些资产承担违约风险的担保人。购买信用违约保险的一方被称为买家，而承担风险的一方被称为卖家。双方在进行交易之前，必须要签订这样一份约定，假如自己的金融资产没有出现违约情况，则买家向卖家定期支付一定份额的"保险费"，详单一旦发生违约，卖方便可以承担买方的那部分资产损失。

如果单从表面来看，这种金融衍生品似乎满足了持有金融资产方对于自身违约风险的这种担心，同时也为那些愿意和有能力承担这种风险的保险公司或对冲基金提供了一个不错的新利润来源。信用违约掉期一经问世，便引起了国际金融市场的热烈欢迎和追捧，其规模从2000年的1万亿美元，暴涨到了2008年3月的62万亿美元。据统计，仅相关对冲基金就发行了大约31%的信用违约掉期合约。我们从中不难看出，一旦这些大的发行机构倒下了，就会引发市场的巨大波动。

因为诚信问题衍生出来的产品,必定不会有多么美满的结局。这不禁让我们感叹,诚信对于一个人,一个企业,一个国家来说是何等的重要。或许有人说今天不诚信一下,放别人一个鸽子,或是有钱不还给别人都是小事情。但假如这种小事情集中在一起,就必将成为一个世界范围的大事情。假如这个世界闹起了诚信的危机,那么生活在这个世界上的人必然深陷无比尴尬的局面。或许我们可以说,诚信是一条不可颠覆的天规,颠覆了它也就意味着颠覆了整个世界。

许多刚刚步入社会的学生总是希望用最快捷的方法去解决问题,总是想得到获取捷径的答案,用最快捷的方法实现自己奋斗的目标。这其实就像喝速溶咖啡,人们热衷于追求瞬时的快乐。然而事实是,根本没有快速的解决方法,这样的态度只会令人失望。而且因为触及不到问题的本质,往往会适得其反,反而为自己增加更多的麻烦。这种企图寻找快捷方法的态度其实是一种不够诚实的态度——对于生活、对于人生的不诚实。人与人之间缺乏诚实,就不会得到真挚的感情,同样,对待生活如果没有一个诚实的态度,那么也一定不会得到生活慷慨的回馈。

在日常工作中,许多时候我们确实可以通过灵活的变通找到捷径令工作更加轻松,可是对于人生来说,无论是在生活、学习、事业,或是爱情上,能有多少真正的捷径可走?现实往往是:越去主动寻找捷径,越会事倍功半,也许"物极必反"就是这个道理。我们不否认"捷径"的存在,但是真正能事半功倍的捷径是由诸多主观、客观因素组成的,缺一不可,甚至可以说天时、地利、人和才能促成一条捷径的诞生,而且带来的往往都是短期的利益,所以遇到难题的时候,我们可以考虑去寻找捷径,寻找更快的解决方法,但是对于我们的人生而言,还是要踏踏实实一步一步地走下去。

第一章

每一条原则,都有为之奋斗的理由

在我们每个人的人生路途中,最重要的信条之一便是诚实,我们呼唤诚实,倡议"做人要做老实人",并非缘木求鱼,而是在呼唤人性回到单纯诚实的态度。然而在现实生活中,要做到真正诚实却不是那么容易。做一个诚实的人,真心实意、坦诚相待他人,以从心底感动他人而最终获得他人的信任,是一件需要极大毅力的事情。真诚是最难的,为了它,一个人也许不得不舍弃许多东西,诸如名誉、地位、财产、家庭。但诚实又是最容易的,一个人只要愿意,总能得到和持有它。

诚实是人类共同的也是最重要的美德,同时也是人与人沟通与交流的重要原则,诚实是基础,也是关键。天赋、才能、眼光、魄力,这一切都还算不上是伟大,假如其中没有诚实的成分,一切都会显得空洞和暗淡。世界上最聪明的人就是诚实的人,一个人只要具有诚实的特质,即便是在自身能力上有所缺憾,身边也不会缺乏仰视和帮助他的人。诚实是造物主恩赐给人类的珍贵财富,这种财富让人与人之间彼此团结,彼此关爱,有效地规避了诸多没必要的误解和猜忌。当然,我们追求真实的同时,每个人都要努力地承担起自己应负的责任和义务,用一颗坦诚的心向世界证明自己存在的价值,我们不但要让自己越来越优秀,还要用我们所学的一切帮助更多的人。在圣母院大学看来,在这个充满猜忌怀疑的世界里,想走近一颗孤独的心并不容易,但假如我们不能付出自己的爱心,不能用自己的诚信去感化对方、帮助对方,那么总有一天人与人之间的距离会越来越远,而每个人的内心世界也会充斥着各种矛盾,且由于不知向谁排解而显得无比绝望和寂寥。

尽管当下的社会越来越复杂,人心也越来越难把握,表面看来这个世界比以前似乎丰富了许多,可供我们选择的种类也多了很多,但从另一个角度而言,我们却更容易丢失最重要的一些东西,那就是诚实和单

纯。仍然固守这些品质的人，甚至有时候会遭到别人的嘲笑，但是那些嘲笑者，最终也会得到生活的报复，他们终究会明白，只有诚实才能换来信任，只有单纯的人生才能真正获得快乐和幸福，前行之路上，任何谎言和欺骗支撑的捷径都仿佛是一剂兴奋剂，只能让我们风光一时，不管你愿意还是不愿意，行骗后的代价迟早一天会降临在你的头上。如今诚实守信已经成为圣母院大学每一名学生所必备的标签，无论是在学校，还是步入社会之后，这个标签将始终伴随着他们的奋斗历程。他们相信，秉持一颗诚实的心不但可以获得上帝的喜悦，还可以让自己具备缩短人与人之间距离的能力，当这个世界上没有了猜忌，没有了欺骗，自然也就没有了仇恨和暴力。即便自己作为世界上的一个人来说是如此的渺小，但只要每个人从我做起，将诚信的火种不断地传播开来，必然会让很多冷漠孤寂的心重新看到希望，重新找回温暖。

> **圣母院大学教育箴言：**
> 诚实并不仅仅是不说假话，在人类社会的各种活动之中，在人与人之间的各种复杂关系之中，诚实二字都在潜移默化之中担当着重要的角色，包括脚踏实地，契约精神，这些都是诚实人格的体现。诚实是人类共同的也是最重要的美德，同时也是人与人沟通与交流的重要原则，诚实是基础，也是关键。天赋、才能、眼光、魄力，这一切都还算不上是伟大，假如其中没有诚实的成分，一切都会显得空洞和暗淡。

尊重多样性,才能赋予世界新的成功

多样性对于这个世界意味着什么,看看我们生存的地球就知道了,如果没有数以百万计的生物共存,就不可能存在一个如此生机勃勃的地球。任何一个物种都不可能独立存在,人类社会也是如此,在漫长历史发展过程中,每个民族,每个国家,都在创造着自己与众不同的文明。这种多样性影响着社会的生产方式、生活方式和思想方式,以及相应的语言、哲学、科学、文学艺术、政治、法律、技术等文化体系方面,正是这种多样性推动着这个世界的进步。

圣母院大学正如世界上其他那些优秀的大学一样,十分重视学生的多样化思考,圣母院大学的学生不但需要有好的成绩,除了这些以外,更重要的是他们真的很在乎、很重视社会,他们对社会有一种责任感。他们学习的目的,不一定是将来毕业之后可以赚到很多钱,而是更强调在自己所学的专业上有所建树;学到了东西之后,在某个领域给这个社会更大的贡献。正是拥有这些不同的想法,在不同领域具有非凡造诣的学生们,在日后的工作生活中,给这个多样化的世界带来了各自不同的贡献和进步。

纵观人类世界的文明发展历史,我们可以看到,多样性是世界文明的一个基本特征。从古到今,生存在地球上的人类社会,从来就没有出

现过一个大一统的文明。相反，每一种文明都在顽强地表现着自己的多样性。整个人类社会在多样性中存在，在多样性中发展，在多样性中前进，在多样性中一次次取得新的成功。

当然，人类世界的这种多样性发展的动力来源只有一个，那就是人类的思想。我们常说："思想有多远，路就能走多远。"高智商给了人类无与伦比的想象力，而想象力又为人们的梦想插上了翅膀。正是有了各种各样的梦想，人类才有了为之努力拼搏的动力。这个世界正是在这一个个梦想的成功过程中实现着自身的进步。因此，古今中外的许多思想家和教育家们才会深刻认识到思想多样性在教育中的重要意义。

古人云："闻道有先后，术业有专攻。"世界上没有两片相同的树叶，人也不可能百分之百踏入同一条河流。尽管作为人，我们的智商、体能等各个方面并没有多大明显的差异，但由于每个人的兴趣点、人生机遇、社会需求等各个方面的原因，我们并不会从事同一项工作，怀揣着同一个目标，具有同一种需求。正是因为这个原因，人类社会才出现了多种多样的选择，多种多样的职业，多种多样的成就。事实上，多样性在不断地影响着每个人的生活，正是因为有了它的存在，人们才会在不断的推陈出新中谋求着更高级别的进步，而我们的世界才不会因为过于单一化而变得单调乏味。

在圣母院大学看来，因材施教，鼓励对学员多样性的培养，是有利于推动社会发展的。这种发展，不仅仅局限于教育，其触角可以延伸到人类科技发展的过程中，还能够赋予社会新的成功推动力。此外，多样性发展还可以很好的帮助人们发挥自我价值。如果没有各行各业的发展以及同行业中各种努力方向的并存，我们或许就不能享受到今天如此美妙的科技成果。

第一章
每一条原则，都有为之奋斗的理由

我们都知道，施乐、苹果、微软都是世界上数一数二的科技创新公司，他们为人们提供各种各样凝聚科技精华的产品。知道这三个公司的人也许并不少，但是这三个公司之间的一个小故事却并不被太多人所熟知。20世纪70年代的时候，施乐公司已经在全世界范围内网罗了大部分的计算机技术天才，致力于开发新的计算机技术，他们设计出的个人计算机 Alto 已经具备了现代个人计算机的雏形，不仅拥有键盘、显示器和鼠标，甚至已经实现了联网技术以及图形化界面，然而这款产品由于推广方面的失败最终被认为是史上"最伟大的失败产品"。当时具有敏锐科技嗅觉的乔布斯和比尔·盖茨则先后从 Alto 身上嗅到了未来科技的气息，在先后参观了施乐的研发中心之后，两人凭着对于计算机未来的不同理解，各自在个人计算机领域闯出了一片辉煌的天空。今天，苹果和微软的产品给人类提供了无数实现美妙功能的产品，在个人计算机领域，以及如今的软件领域，正是这种多样性的发展现状，推动着这个行业永不停歇的进步和创新。

在科技领域，多样性作为发展的一种基础机制，其实是专门针对科技发展的不确定性、复杂关联性而存在的。任何一项科技发展的成果都不是孤立的，都是由一系列科技发展成果所铺垫的，而科技成果的取得则是多种多样的科学研究活动的结果，这种多样性的发展共同对科技发展起着作用。无论研究活动是成功还是失败，首先多种多样的科学研究活动就为科技发展确立了基本的方向，同时也提供了非常丰富的选择，从而使科技发展能够在自然规律限制、人类文明阶段条件及其发展需要之间不断融合和创新。因此可以说，多样化作为一种客观规律，对于科技的发展起着决定性的作用。

无论是教育还是科技，乃至整个人类文明的发展，多样化都是一个

值得尊重的发展机制。一朵鲜花不是春天，百花齐放才是。任何一种想法，任何一个努力方向，都是值得尊重和为之奋斗的。这也是圣母院大学选择学生以及教育学生的精髓所在。能够拥有多样化的学生，以及这些学生在多样化的领域中都做出不凡的贡献，不仅是圣母院大学的自豪，也是世界上所有优秀大学为之不懈努力的教育梦想。

对于地球而言，生物多样性有助于可持续发展。一个多样的生态系统，可以长期提供种类丰富的食物、药材等产品，还可以调节水循环、气候和土壤，使整个地球的生物都能够长期从中受益。而对于人类而言，文化可以说是一个民族的灵魂，也是一个社会赖以生存和延续的基础。对于全世界各种各样的文明来说，他们各自继承和发展的文化都是人类社会发展进步的动力，多样性可以说是人类文明和科技发展的重要特征。文明和科技的多样性对于人类社会来说，就如同地球上生物多样性对于自然界一样，是一种值得尊重的基本特质。只有尊重多样性的发展，才能使人类文明得以发展。

> **圣母院大学教育箴言：**
> 　　无论是教育还是科技，乃至整个人类文明的发展，多样化都是一个值得尊重的发展机制。一朵鲜花不是春天，百花齐放才是。任何一种想法，任何一个努力方向，都是值得尊重和为之而奋斗的。只有多样化的思考和多样化的选择，才能满足教育中多样化人才的需要。教育是促进人自由而全面发展的社会活动，个性与多样性是教育活动的生命所在，只要尊重人才的多样性，任何学校都可以培养出一流的人才。

第一章
每一条原则，都有为之奋斗的理由

道德是衡量世间万物的第一标准

道德是什么？与法律不同，道德并没有详尽的条款，但却深入人心。道德是人们千百年来养成和传袭的一些基本准则和行为规范。我们每一个人生活在社会中，总要遵守一些基本的伦理、操守、公德、言行等规范，才能显示自己的独特个性，并展示个人魅力。自从人类社会形成，诸如勤劳俭朴、艰苦创业、尊崇长辈、和睦邻里、义助公益、关爱他人、珍爱自然等传统美德便开始传承，道德已经成为人类文明进步的象征，既是每个人生活中应遵循的公德要求，更是个人修身养性中应追求的目标。

谈起"道德"，也许有人认为这有点"复古"的意味。但是，对于人类社会而言，道德和人格的陶冶应该没有古今之分。在圣母院大学看来，一个人的道德信仰决定着这个人今后的作为，智商并不是最重要的，相比之下能不能把持住道德将直接影响到他周边乃至更大范围内人们的命运。假如一个人能够本着人道精神去做某事情，那么对于别人来说必然是受益的，相反假如一个人根本没有所谓的道德底线，那么他不经意的一个举动，很可能就直接影响到他周边人的生命财产安全。其破坏力之严重往往不容小视。对于才华出众的人来说，道德和人格比才华更重要。越是具备出众才华的人越应该重视道德的作用，才华再高，也需要有某种东西去控制，这样超常的才华不至于误入歧途。这种东西就是道

德,是人格。

在美国,一则调查显示:将近70%的美国人认为,如今的人们比二三十年前无礼得多。在另外一份调查报告中,公众对"传统道德"指数的不满意度也比前些年有了大幅度的提升。有人这样评价道:"对于许多传统美德,有些人是丢失了,有些人是根本没学过。"这些并不是骇人听闻,而是在如今的社会实实在在存在着的一些现象。也许是因为现在的物质世界越来越丰富,也许是受到了各种思想的影响,如今这个社会中确有不少人对道德这个词已经非常陌生了,例如:很多人不仅不愿承担对年老长辈的精神慰藉,连起码的物质供养也试图逃避;而那些正处于世界观日益形成时期的一些学生,讲吃、讲穿、讲排场,就是不讲节俭,在家更是连起码的家务事都不肯动一动手。这是一种社会道德意识极端淡漠的现象。这些现象有悖于传统道德要求,有违社会公德规范,是值得所有人去深刻反思的。

人们的精神世界,主要由道德品质、文化素养和人生经验组成。一个拥有高尚道德的人,无论处于什么样的时代,都能够做到洁身自好;道德是整个人类社会的宝贵财富,无论到什么时候都永远不会过时。只要拥有美德,我们就会拥有充实的精神世界,也就有能力抵御外界的一切干扰。当今的世界,在追逐财富的潮流下,很多人似乎已经忘却了精神的需求。正是这种忘却,使我们的内心处于严重的失衡状态。为什么今天的人对物质的需求如此迫切,对财富的积累如此贪婪?就是因为在我们的内心世界中,没有明确的目标在指引,没有崇高的理想在驱动,没有坚定的信仰在支撑,甚至没有道德的力量在约束。为了追求物质财富,我们不仅忽略了精神财富,甚至以丧失精神财富为代价。当我们的精神世界成为一片废墟之时,物质能否填补其间的空白,能否成为我们

第一章
每一条原则，都有为之奋斗的理由

人生的无悔追求？

我们一定要明白，如果失去物质财富，只会使我们的生活受到暂时的影响；而一旦失去精神财富，不仅会影响到我们一生，更会殃及后代。我们完全可以想象，一个精神空虚的父母会给子女什么样的教育，一个见利忘义的长者会给后代什么样的影响，一个盲目追求利润的企业会给社会什么样的回报。所以，在圣母院大学，我们试图建立一种可以成为所有精神财富之基础的价值观，即道德价值观。我们的学习，我们的专业知识，我们的理想，乃至未来所取得的成就，都要遵循并彰显这种基本的道德价值观。

诺贝尔物理学奖获得者理查德·费因曼曾经说过："科学这把钥匙既可以开启天堂之门，也可以开启地狱之门，究竟打开哪扇门，有待于人文的引领。"这里所说的人文，从深层次上来理解，其实指的就是人类最基本的道德价值观。科技的发展日新月异，而人类血液中流淌的道德却来自最初的智慧。鲜明的对比无时无刻都在提醒着我们，无论人类文明发展到何等高度，无论科学技术先进到何种地步，都始终需要道德来驾驭，否则，再先进的文明，再发达的科技，也只会带来灾难。

一位曾经的德国纳粹集中营幸存者，后来成为美国一所中学的校长。每当一位新老师来到那所学校，都会收到校长亲笔写下的一封信，信中这样说："亲爱的老师，我是集中营的幸存者。我亲眼看到人类所不应当见到的情景：毒气室由具有专业知识的工程师建造；儿童由知识丰富的医生毒死；幼儿被受过专业训练的护士杀害；妇女和婴儿被受过高中甚至大学教育的人们所枪杀。亲眼目睹这一切，我不禁怀疑：教育的目的究竟是为了什么？我的请求是：请你帮助我们的每一位学生成为具有道德的人。你们的努力绝不应当被用于制造学识渊博的怪物、多才多艺

的变态狂，或者是受过高等教育的屠夫。只有在能使我们的孩子具有道德的情况下，我们的教育才有其价值。"

人类文明的发展可以说是一把双刃剑，它既可以造福人类，也可以毁灭人类。比如高度发达的金融社会容易滋生金钱至上的价值观，驱使人们为了财富不择手段，导致整个社会的堕落。现代科学技术在造福人类的同时，同样也潜藏着危害人类自身的可能：发达的工业可能造成水体和空气的污染；生物学前沿的克隆技术可能造成伦理问题；飞速发展的网络技术会给渲染暴力、色情、犯罪、文化侵略等带来可乘之机；如今高科技犯罪、计算机犯罪将成为全世界共同面临的棘手问题；航天技术在造就先进军事技术的同时，也增加了伤害人类自身的可能性。美国一位著名科学家说过：失去制约的科技创新，可能会毁灭人类。这并不是耸人听闻，而是实实在在存在的危机，人类要想绕开这个危机，唯一的方法就是在所有科技和文明的发展过程中遵循最基本的道德价值观。

每一位来到圣母院大学学习的学生，都有着各自属于不同领域的伟大梦想，他们期待在圣母院大学学习到最前沿的专业知识，但是圣母院大学作为传播知识的摇篮，首先希望学生们明白的道理就是：高端的科技和知识需要由高素质的人去掌握，道德是一个人素质的根本，如果一个人的道德水平不高，那么他掌握的科技水平越高，危险就越大。科学技术的发展应当能够推动人类社会进步，而不能违背人类最根本的利益。著名的法国大思想家卢梭曾经不无担忧地说道："随着科学和艺术光芒在我们天边的升起，德性也就消失了。"当今世界最大危险不是位于科技最前沿的核技术，而是人类的道德堕落。

无论每一位学生所选择的专业如何，无论他们将来在各自的领域会取得何等辉煌的成就，他们都必须首先明白：道德是衡量世间万物的唯

一标准,再辉煌的成就也必须建立在人类最基本的道德价值观之上。对于人类社会的各个领域而言,发展固然重要,道德却比发展更重要。高度发达的文明应该给人类带来幸福。无论是人类社会中最微不足道的邻里之间互帮互助,还是伟大金融家的运筹帷幄,或者是科技工作者的前沿科技成果,首先要接受检验的标准就是道德标准,只有合乎这个标准的行为和成就,才有其存在的价值。

> 圣母院大学教育箴言:
> 人们的精神世界主要由道德品质、文化素养和人生经验组成。一个拥有高尚道德的人,无论处于什么样的时代,都能够做到洁身自好;道德是整个人类社会的宝贵财富,无论到什么时候都永远不会过时,只要拥有美德,我们就会拥有充实的精神世界,也就有能力抵御外界的一切干扰。因此,每一个人都应该坚信这样一条真理:道德是衡量世间万物的唯一标准,再辉煌的成就也必须建立在人类最基本的道德价值观之上。对于人类社会的各个领域而言,发展固然重要,道德却比发展更重要。

每个人都有能力影响世界

什么样的人能够影响世界?提到这个问题,可能我们首先想到的是那些历史上的伟人,他们在各自的领域取得成功和辉煌的成就,继而影响到整个世界的进步和人类的命运。然而伟人毕竟只是少数,那么,这个世界的运行轨迹难道就取决于那一小部分的伟大人物吗?答案当然是否定的。

谬·詹姆斯说:"每个人都具有在生活中取得成功的能力。每个人天生都具有独特的视、听、触以及思维的方式。每个人都能成为富于思想与创造的人,一个有成就的人,一个成功者。"这段话其实是对本文开头提出的那个问题最好的回答。并非只有伟人才能够影响这个世界,因为每一个人都可以通过自己的努力去改变这个世界,关键就在于自己的努力方向,如果你对于这个世界有自己的想法,致力改变某些不完美的地方,那么只要你为之不懈奋斗,即便只是个人微不足道的力量,也能够在努力的过程中得到转化和放大,最终实现影响世界的目标。

想必很多人都听说过蝴蝶效应这个概念:一只蝴蝶在北京扇动翅膀,有可能会在北美引起一场飓风。意思就是一个对临界条件敏感的系统,可能因为一个极小的事件引发一个巨大的事件,而这一大事件甚至可能是整个世界(整个宇宙),这是完全可以想象得到的。比如一颗原子弹能毁灭一个城市,其连锁效应甚至能毁灭整个地球,但是引起原子弹爆

第一章 每一条原则，都有为之奋斗的理由

炸的初始条件仅仅只是肉眼看不到的原子裂变。这一物理现象仿佛也在冥冥中启示人们：千万不要小看自己，不要小看一个人的力量，只要我们付出努力改变自己周围的世界，那么就有可能引起社会裂变式的反应，也就是说我们每一个人即使再渺小，也有可能最终改变这个世界。

瑞恩·希里杰克是一名加拿大人，在他6岁那年，来到加拿大肯普特维尔市小学念一年级。在一堂公益课上，他了解到很多远在非洲的孩子从来没有见过玩具，甚至连饭都吃不饱，更没喝过干净的水，每年都有大批儿童因喝了高污染的水而丧命。老师在课堂上对大家说："如果我们给这些可怜的孩子捐助1分钱，就能够让他们买得起1支铅笔；捐助25分，就能够帮他们买一些补充维生素的药物；捐助60分，能够为生病的孩子提供两个月的治疗；捐助70元，则可以为他们挖一口干净的水井，帮助他们解决饮水问题……"瑞恩静静地想："我能为他们做点什么呢？"

回到家后，小瑞恩对妈妈说："妈妈，请你借给我70元钱，我想为非洲的小朋友们修一口水井，这样他们就能喝上干净的水了。"妈妈告诉他："孩子，如果你真的想帮助那些小朋友，你就要靠自己的努力来挣70元。"说完，妈妈建议瑞恩做更多的家庭劳动，从中赚取费用。瑞恩毫不犹豫地答应了。他靠自己的努力终于凑足了70元钱。后来，他听说有个名叫"水罐"的组织正在征集募捐，就前去捐赠自己的70元钱。可是，工作人员告诉瑞恩，70元钱或许能买下一个水泵，但要挖口井至少需要2000元。

这对于瑞恩来说是个天文数字，可是，瑞恩并没有因此而放弃，他继续在家里不辞辛苦地做家务挣钱，甚至连大人的活都抢着去干。后来，有记者获悉瑞恩的事迹后专程来采访，并将他一身污垢地刷洗墙壁的照

片刊登在《前进报》上,立刻引起许多人的关注。不久,瑞恩执意要为非洲孩子援建一口井的报道传遍全国,各地善良的人们纷纷打来电话咨询,自发捐助钱物,以助瑞恩尽快实现梦想。一家国际发展组织也公开表示,如果"瑞恩的井"获得1分钱捐款,他们将另外捐助两分钱。在社会的帮助下,一年后第一口"瑞恩的井"终于在乌干达建成。此后,"瑞恩的井"成立了专门基金会,瑞恩的理想成为千万人共同参与的事业,至今已在非洲援建了30口井,使成千上万的非洲儿童受益。

一个只有6岁的孩子,靠着自己的努力和执著,最后居然神奇地帮助到了很多人。瑞恩的小小善举,就像一座爱心的桥梁一样点燃了爱的火种,激励着越来越多的人投入到这一事业之中。

我们经常听到的一句话就是:每个人都在创造历史,每个人都能影响世界。在圣母院大学,正是基于这个原因,每个学生都有可能有自己的梦想和优点。学校更加注意学生的"独特方式",一旦发现他的某种特长或是对于这个世界的独特理解,就满腔热情地因势利导,运用肯定、鼓励以及创设条件等手段强化它、发展它。当学生意识到自己在某些方面的杰出表现,自信和勇气就油然而生,并逐步走向成功,最终通过自己的成就影响这个世界。

我们所处的这个世界并不完美,而是充斥着各种各样的问题,同时也存在着富有想法、创意、激情和精力的人们。其实如果我们留意,就会发现想要影响这个世界朝着更好的方向发展并不是一件非常困难的事情。有些时候一些简单而具体的想法只要能够坚持努力去实施,最终都会取得很好的成效。我们每个人都希望这个世界变得越来越美好,可是包括你我在内的很多人,都缺乏使之成为现实的行动,或许就是因为我们通常把改变这个世界当成是属于"伟人"的大事,因而忽略了日常生

活中的那些微小举动，忽视了它们其实也可以改变或影响到他人的生存状况，也可以改变世界。

有句话说得好：与其坐等阳光感叹黑暗，不如利用好当下，去点亮手边的那根蜡烛。只要我们意识到这个世界的不完美，只要我们内心有改变世界的想法和付诸实施的激情，只要行动起来，哪怕是从一个简单的行为开始，每个人都可以通过自己的努力改变这个复杂的世界。

圣母院大学教育箴言：

千万不要小看自己，不要小看一个人的力量，只要我们付出努力改变自己周围的世界，那么就有可能引起社会裂变式的反应，也就是说我们每一个人即使再渺小，也有可能最终改变这个世界。尽管有些时候，我们看到许多问题看起来似乎都是那么大那么复杂，那么难以处理，或许有些时候你会认为那根本就不是自己应该考虑的问题，因为作为世界上的一个人来说，自己是那么微不足道，生命却又是那么的渺小。但事实上只要我们能够调整生活的态度和方式，只要我们心中有改变世界的目标和梦想，并且能够付诸于行动，就一定能够改变这个世界，任何一个人都可以通过自己的努力做到这点。

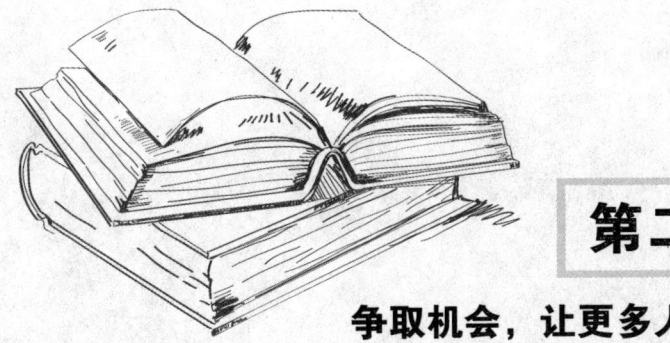

第二章

争取机会,让更多人领受它的青睐

每个人都渴望得到机会,在这个竞争的时代,谁受到机会的青睐谁就很可能在瞬间改变人生。事实上有些时候,机会不过是短短的几秒,但想有效地抓住和利用它并不是一件容易的事。生活在人类的大群体里,每一个人都不是独立存在的,在渴望改变自己的同时,每个人都应该秉持一颗与人分享与人分担的心。假如我们可以利用自己的力量帮助更多的人创造机会,让他们领受到机会对于自己的青睐,那么无异于成为了备受机会爱戴的受益者。圣母院大学就是这样一个善于创造机会、热衷分享机会的地方,假如真的可以,它愿意成为更多机会的铸造者,用爱心和真诚去帮助更多需要帮助的人。

第二章 争取机会，让更多人领受它的青睐

你的贡献，是你一生的意义所在

对于我们短暂的人生而言，如何让这短暂的一生度过得更加有意义，是大多数人们都要去思考的问题。纵观整个人类的历史，那些成功赋予自己人生意义的人，往往是那些对别人对社会做出卓越贡献的人，他们人生的意义并不在于自己取得了如何辉煌的成就或者是拥有了多么庞大的财富，而在于是否为他人做出过大的贡献，这种"利他"精神，也是整个人类文明的精华所在。

如今的社会是一个浮躁的社会，金钱的渗透无处不在，太多的人执著于财富的追求，而淡忘了心灵的呼声，很多时候，钱是有了，而生活品质却不一定有，心灵的境界却不一定有。现实生活中的种种屏障往往蒙蔽了我们的视线，让我们看不清方向，被眼前的美丽所迷惑，心甘情愿地做着自己以为的多么有意义的事，岂不知天外有天，仁者见仁，智者见智。太多的人眼前都蒙着一块纱布，有的薄，有的厚，只有心灵的智慧达到一定境界的人才能拿开自己的纱布，提升自己的心灵，看到人

生意义的所在。

我们要想得到这种提升心灵的智慧，就要从日常生活的点滴开始做起。无论是做人的原则，还是工作的热情，都是提升心灵的重要元素。首先我们要做到的就是学会奉献，也就是要摒除内心的私欲。奉献之心，是相对于利己之心的一种心态。奉献，就是把他人利益放在首位，先考虑别人，后考虑自己。先考虑别人的利益，不仅仅是一种境界，更是一种需要。因为如果你完全不考虑别人的利益，你根本就无法在这个社会上立足。正所谓学会奉献才能有所收获、奉献，这是每一个人成功和发展的前提。古语有道："欲先取之，必先予之。"你计较，别人就会计较；你付出，别人就会付出。索取通常换来的也是索取，因为利己；奉献换来的是奉献，因为奉献是一种有利于别人的人生境界。我们常常说到的共赢，出发点其实也是奉献，只有站在这个立足点上待人接物，才能获得他人的尊重和支持，共赢才有可能实现。所以，奉献精神的出发点是一种价值观，是一种远见卓识和价值取向，能够做到这一点，我们的心灵才能有更加广阔的提升空间，我们的人生才有更加深刻的意义。

麦卡锡和他的表兄弟帕布鲁·纳瓦正都是圣母院大学的学生，从小到大，几乎每年他们都会去墨西哥拜访亲戚。那里的生活环境很险恶，每次长途跋涉抵达时，父母都会卸下车上的东西，从行李中拿出衣服和玩具给路过的小孩。因为在当时的墨西哥，人们的生存条件非常恶劣，许多普通工人每天只能够工作半天，挣到两美元的报酬。许多人住在硬纸板做成的房子里，他们的生活质量远远低于正常水平。从很小的时候开始，麦卡锡和他的表兄弟帕布鲁·纳瓦正就有了帮助这些人的想法。

当他们两个在圣母院大学读大学三年级的时候，麦卡锡在墨西哥边境城市华雷斯参观了美国的几家公司。他看到当地许多工人住在用纸或

第二章　争取机会，让更多人领受它的青睐

废金属造的遮蔽物里。一年之后，他在另外一个商业刊物上看到有关用集装箱设计房屋的消息。他和他的表弟帕布鲁·纳瓦对这个工程产生了兴趣。于是，他建议他们在大学举办的商业计划竞赛中提出这一想法。结果，他们赢得了这项比赛。在表弟和其他几个朋友的帮助下，布赖恩·麦卡锡成立了建造集装箱房屋的PFNC全球社区公司。PFNC是西班牙语的字母缩写，它的意思是"最终有了自己的窝"。这个公司目前在美国的新墨西哥州运作，但不久将会迁往墨西哥的华雷斯市。他们的产品——"集装箱房子"长12米，宽与高大约2.5米。厨房有一个做饭的炉灶，还有一个保持食物冷藏的冰箱。儿童与成人分别有各自睡觉的地方。他们希望华雷斯市的制造商将会为工人及其家庭购买这些集装箱房屋。PFNC全球社区公司考虑到贫困人群的承受能力，想尽办法把房价保持在1万美元以下。

最终这一商业计划的运作使得当地人的生存条件有了很大的改观，世界上每年都有将近四百万个集装箱被废弃，麦卡锡所创建的公司正是通过收购和改造集装箱这一业务进行商业运作，最终不仅取得了很好的商业收益，更重要的是帮助了墨西哥许多原本没有房屋可以居住的人们，使得他们的生活得到了很大改善。为人们所提供的集装箱房子，已经不仅仅是一个可以居住的场所，而是在许多人心中有了"家"的概念。一个集装箱是微不足道的，一个商业公司的运作对于这个世界而言也是微不足道的，但是他们运作的目的是为了改变另外一些人的生存环境。在这个伟大目标的指引下，他们微不足道的行动取得了巨大的成果，更大的意义和价值在于精神层面，因为这个项目而受益的人们会感受到来自其他人来自这个世界的关怀，从而建立起信心。同时也会有更多的人因为他们微不足道的努力而感动，继而也会努力致力于让这个世界变的更

美好，这其实就是现实社会中的"链式反应"。只要自己的努力有着更无私更伟大的意义，那么每个人都有可能成为引发巨变的原子核，每个人微不足道的人生也会因之而变得更加有意义。

在我们生存的这个世界上，人是作为人类这样一个整体而存在的。任何一个人，都是这个整体的一分子，都必然要依赖于这个整体而生存，每一个人在依赖别人的同时，也必然会对别人产生或大或小的某种作用：或者为别人带来帮助，或者对他人造成损害。作为人类的一分子，为了整个人类的幸福和社会的繁荣，每个人都有义务为社会的发展和他人的幸福做出自己的贡献；也有责任给别人带来积极的影响和贡献。只有意识到这一点，我们的人生目的才能得到升华，最终明白人生的真谛。

对于圣母院大学的每一位学生而言，学校和老师的辛勤教诲其实只有一个目的，就是希望每一个学生将来对于这个世界而言都是有意义的，他们会运用自己的所学做更加有意义的事情。就像麦卡锡所做的那样，即便是商业运作，以盈利为基础，但是也要有着对他人对社会的责任和义务，拥有了这些，无论是在商业领域还是在其他任何领域，他们所做的努力都会使得自己的人生越来越有意义，而不是仅仅为了个人的利益和享乐。做到这一点，不但是每一位学生的人生意义所在，也是圣母院大学教育的意义所在。

> 圣母院大学教育箴言：
> 奉献，就是把他人利益放在首位，先考虑别人，后考虑自己。先考虑别人的利益，不仅仅是一种境界，更是一种需要。因为如果你完全不考虑别人的利益，你根本就无法在这个社会上立足。作为人类的一分子，为了整个人类的幸福和社会的繁荣，每个人都有义

争取机会,让更多人领受它的青睐

务为社会的发展和他人的幸福做出自己的贡献;也有责任给别人带来积极的影响和贡献。只有意识到这一点,我们的人生目的才能得到升华,最终明白人生的真谛。

我究竟在等一个怎样的机会

人们经常会说"上天会将机会赐予那些有准备的人",但是作为等待着的你,是否想过自己到底在等待怎样的机会呢?或许你是在花费很长的时间在等待机会,在等待的过程中,你也同样付出了自己的努力,但是你可否明白,当你拥有了这次机会之后,你的人生会有怎么样的意义呢?

或许我们不知道自己在十年之后会变成什么样子,甚至,很多人在回想自己十年来的生活时,也不知道到底是哪次机会改变了自己的人生。有的人会认为自己需要的机会很简单,就是通过一次合作或者谈判让自己占有更多的物质,或者是说让自己拥有更多的权力和更高的地位。为了拥有更多的金钱和地位,这些人愿意抛弃很多东西,这些东西其实就是无价之宝。

其实,在更多时候我们所需要的机会就是为了体现自己存在的价值,这种价值往往能够让你感觉到快乐。甚至,机会就是为了让自己有一种参与感,能够让自己参与到更多的事情中去。在很多国家,人们会将能够参加国家选举作为是一次很重要的机会,因为他们想要通过选举这个行为来体现自己的价值和表达自己的思想意志。由此来看,对于很多人来讲,机会并不只是为了实现自己狭小的物质利益,更多的是为了表现自己存在于社会的价值。如果一个人不能够通过赢得机会来体现自己拥

有什么样的权利和存在什么价值,那么造物主会用怪罪的眼神来观望你。

每届美国总统选举,都会对世界各国产生影响,而美国人会将每一次的选举当做是自己应该获得的权利,同样,也是他们表达自己意愿的机会,他们不会去忽视这次表现自己价值的机会。在奥巴马大选之前,一名记者采访美国的一名民众,问道是否期待此次大选,美国民众回答道:"我期待每一次选举的机会,因为我爱我的国家,我希望我的国家能够有更强大的人来领导。"但是在很多其他的国家,"选举"会成为一种形式,甚至根本不会成为国家人民表达自己意愿的机会,因为那里的人民根本没有选举的权利。

对于圣母院的学生来讲,他们会将自己拥有的权利当做是体现自己价值的途径,所以他们很重视自己的话语权和选举权,他们期待这次机会的到来。但是在其他国家或者是其他学校的学生是否能够意识到这一点呢?有的人说"成功起源于强烈的欲望,孕育于痛苦的挣扎"。而对于很多国家的人们来讲,他们根本不会去等待这次表达自我意愿的机会,也没有意识到这次机会的重要性,那么还何谈等待机会呢?作为现实中的我们来讲,我们更是应该对自己的权利积极地争取,只有争取到了属于自己的权利,才能够让自己很快地实现成功。

不是只有获得金钱才算是实现了自己的价值,也不是只有拥有了金钱才会感受到生活的快乐。所以说人生中的机会不全都是为金钱服务的。看看你应该拥有的权利和应该履行的义务,这些都是表现你的人生价值的机会,千万不要将机会局限在自己的利益上,看看那些民主背后的机遇吧。对于一个整天向往着机会的人来讲,他们是有一定的耐心的。如果一个人没有耐心那么自然也是不会拥有更多的权利和机会的。在这个世界上,人们渴望得到更多的机会,通过这些机会来实现自己的成功,

那么怎么样才算是成功呢？如果一个人不懂得成功的含义，那么自然也就不知道自己等待的机会是不是真正有意义。对于商人来讲，或许成功就是获得更多的物质价值。对于医生来讲，成功就是解决一个个医学难题，帮助病人摆脱困境。对于士兵来讲，成功可能就是维护国家和平与安全，在战斗的时候能够击败敌人。其实，如果你将不同职业的人的欲望进行总结，会发现他们所要的成功就是为了能够体现出自己的生存价值。而机会就是为了能够更好更快地体现出他们的个人价值，你等待的机会只是为了金钱和地位吗？如果你获得了上亿的金钱，但是感受不到快乐，那么你获得的机会只是一种造钱机，根本没有多大的价值。如果你坐到了很高的位置上，但是感受不到自己身上的责任和义务，那么你获得的机会只不过是帮助你戴上了一张虚伪的面具。

圣母院大学认为等待属于自己的机会，就要看到机会背后的权利和义务，你拥有了学习的机会，那么就要看到自己学习的义务是什么。圣母院大学的学生们明白自己需要的是什么样的机会，不管是为了医疗事业还是国家正义和公平，都需要机会去实现，他们都会去等待那些能够让自己变得更加有价值的机会，会为了那些机会而拼搏努力，因为他们是奋斗的人，是为了自己的成功而不断进取的人。

学习也许并不能直接为学生创造成功机会，但是在学习过程中会致力让每一位学生发现内心的激情，发现自己对于梦想的野心。只有清楚了自己的野心，面对种种机会的时候才能知道究竟该如何去把握，清楚自己究竟在等待什么机会。面对机会，跟随自己的内心，跟随自己的野心，这才是抓住机会的唯一方法。

第二章
争取机会，让更多人领受它的青睐

圣母院大学教育箴言：

机会并不只是为了实现自己狭小的物质利益，更多的是为了表现自己存在于社会的价值，如果一个人不能够通过赢得机会来体现自己拥有什么样的权利和存在什么价值，那么造物主会用怪罪的眼神来观望你。如果一个人不懂得成功的含义，那么自然也就不知道自己等待的机会是不是真正的有意义。假如你一定要等待属于自己的机会，就一定要在同时想到得到这些机会以后所应该承担的责任和义务，机会不会平白无故地降临在一个人的头上，假如你得到了它，就必然是在暗示你要为更多的人做点什么。

你可以帮助很多人实现梦想

万物生灵都有脆弱的时候,即便你的身边存在着很强大的人,他们也是有需要别人伸出援助之手的时候。世界上没有完美的人,更没有完美的事,人性中需要相互帮助精神的存在,如果没有了互助,那么你会发现世界其实已经变得不再美好,人与人之间更是缺少了一些联系和交流,即便你没有帮助别人的能力,也不要失去帮助别人的心。

人生是由一个个坎坷组成的,不管是再成功的人还是再有能力的人,都会遇到自己无法克服的坎坷和无法跨过的泥泞,所以说他们也是需要别人帮助的。人,需要勇气,只有有勇气的人才会被认可。如果一个人看到他人遇到困难之后,根本不知道如何来做,也不知道自己能不能去出手相助,那么最终懦弱的心理会战胜自己的互助思想,最终也不会变得勇敢。

在如今的社会中,人们每天都要面对来自外界不同的挑战,不管是在工作中还是在生活中,压力都是会如影随形。但是不管外界环境多么的恶劣,很多人还是会怀揣梦想,他们希望自己的梦想能够成真,即便是在实现梦想的道路上会遇到很多的困难,但是也不想去放弃,即便他们要面对战乱、灾难、疾病、贫穷,梦想依然会闪烁在他们的心头。如果你能让他们少走一些弯路,如果你能够体谅他们的心情,那何不伸出

第二章 争取机会,让更多人领受它的青睐

你的援助之手,帮助他们尽快地实现自己的梦想呢?或许他们艰难的追梦之路只需要你消耗很少的精力,甚至只是一句话,那么你又何必吝啬你的一点点时间呢?

事实上,在很多人的心中,梦想就代表着一种希望,一种创造力,一种渴望改变命运的心态。在每个人的人生历程中,都曾经有过对于未来的憧憬,也都曾经为自己的目标努力奋斗过,尽管对于明天有的人的目标就在眼前,有的人却会将目标放得更长远一些。一个人,一个国家,乃至一个世界,都是由一个一个的梦想组合起来的。假如我们可以通过自己的奋斗在完善自己梦想的同时承载更多人的梦想,帮助更多人扭转自己的命运,给予他们更多实现梦想的机会,那么用不了多久,我们就会看到自己这种奉献精神的成果。

有些时候,我们不要小看了自己奋斗的力量,假如我们可以通过自己的努力帮助一个有用的人,那么说不定在这个人身上就会出现相当完美的连锁反应。通过他的改变,很可能会引领一个国家或民族的改变。当拥有了充沛的知识,对于自己要做的事情以及所要谨守的博爱和道德品质都达到了相当高的境界,那么很可能会通过自己的能力和爱心帮助更多的人摆脱生活中的各种不良状况。或许对于某些人来说生命从此得到了延续;或者对于某个家庭来说从此走上了富裕的道路;或许对于一个国家来说,因为一个人的智慧使整个体制得到了很好的完善,致使政治、经济、文化等各个方面都得到了长足的发展;而对于整个世界,一个人的改变很可能点亮一个世界的未来。就好比当初假如没有爱迪生的出现,整个世界的夜空就不会因此如群星璀璨般绚丽多彩。

或许你会说自己并没有那么大的本领来帮助那么多的人,那么没有关系,你不妨去看看自己的周围,从小的事情一点点地做起。当你发现

你的同事搬着一大堆的文件，累得喘不过气的时候，不妨顺手拿过几份文件，帮他分担一下重量；当你发现自己的朋友因为一点小挫折而无法实现自己的创业梦的时候，你不妨主动地去帮他解决困难，当他成功地实现了自己的梦想，自然也是会对你感激万分。在生活中，上苍会时不时地给我们制造点小麻烦，目的并不是为了让人类失去梦想，而是为了考验我们对梦想的坚持程度。所以说你也有可能受到考验，别人也可能会成为你通过考验的帮手，只不过前提条件就是你要懂得主动帮助他人。

事实上，有些时候，帮助别人就是帮助自己。一个友好的帮助看似是不经意的举动，但其收获的效果往往都会出乎你的意料之外。在我们的一生当中，出现一个贵人绝对是一件幸福的事情，但自己在体味了这份幸福之后为什么不能努力的成为别人的贵人呢？如今圣母院大学的师生始终都在为这件事情而努力奋斗，他们希望通过自己的知识和能力，在成就自己的同时最大限度地帮助更多的人实现理想。在他们看来，上天为了让他的孩子们变得坚强和不断地成长，会时不时地给人类制造点小挫折，所以说每个人的生命中都会出现一些不如意的事情，即便是美好的梦想，上天也不会放过这个磨炼你的机会。帮助别人实现梦想，就是在帮助自己获得成功的机会。圣母院大学的工作人员还在不断地努力着，他们希望通过自己的努力来帮助更多的人实现理想，而圣母院大学的师生想要得到的只是看到他人梦想成真之后的灿烂微笑。

> **圣母院大学教育箴言：**
> 在很多人的心中，梦想就代表着一种希望，一种创造力，一种渴望改变命运的心态。在每个人的人生历程中，都曾经有过对于未来的憧憬，也都曾经为自己的目标努力奋斗过，尽管对于明天有的

第二章
争取机会，让更多人领受它的青睐

人的目标就在眼前，有的人却会将目标放得更长远一些。真正的成功不在于一个人自己的成就有多少，而在于他这辈子成就了多少人的梦想。或许对于某些人来说生命从此得到了延续；或许对于某个家庭来说从此走上了富裕的道路；或许对于一个国家来说，因为一个人的智慧使整个体制得到了很好的完善。假如梦想真的可以点亮世界，那么将这种成就别人的爱心传递下去，世界就会因为我们的存在而缔造出更多的奇迹。

机会当仁不让,但我可以帮别人得到更多

不要看现在这个社会竞争激烈,但总有人能"超然物外"、"我行我素",上天会赐予人类很多机会,但是却不会让机会平均地降临到每个人的头上,因为上天喜欢积极竞争的人们,不希望人们总是静静地等待机会的到来。在机会面前,还是主动地去"抢"吧,但是在自己获得机会的时候,你也可以帮助到别人。

竞争并不代表着自私,有的人会觉得竞争就是为了能够实现自己的利益不择手段,其实不然,有的时候竞争只是为了获得自己应该得到的东西,用自己辛苦努力得来的东西来帮助自己实现梦想,等到自己的理想已经实现,那么用自己的理想来帮助更多的人获得他们希望得到的东西。造物主总是很公平的,虽然机会不会降临到每个人的头上,但是却会让人们通过竞争的手段来得到,而造物主又是智慧的,对于那些只想着自己利益、自私到底的人来讲,造物主是不希望这些人得到机会的。

人活在这个世界上其实并不容易,而要想实现自己的理想,更是不易。如果当你发现拥有一次能够实现自己成功的机会的时候,千万不要觉得自己没有得到这个机会的能力,也不要觉得自己得到这个机会是一件过分的事情。因为在梦想面前,一切都是正常的,只要你是为了自己合理的梦想,那么不妨一试,千万不要将即将到手的机会拱手让人。更

不要在还没有争取的时候就主动放弃。圣母院大学要求学生们积极地去争取机会,用自己争取来的机会来实现自己的理想,通过自己的理想来帮助更多的人,这才是获得机会的重要意义所在。

不仅仅是对于圣母院的师生,即便是对于我们普通的人们来讲,赢得机会的目的不仅仅是为了帮助到自己,更多的时候也是为了能够实现自己美好的愿望,然后让自己发出更为耀眼的光芒,释放出更大的能量,这种能量能够为你周围的人带来幸福和快乐。当然,对于很多企业的发展也是一样的,机遇是十分重要的,企业要想获得更大的发展,就不要在机会面前犹豫,这和圣母院大学教导学生去争取机会,从而通过机会帮助别人的思想是相通的。

在2010年的时候,百度第二季度财报显示其净利润同比增长118.5%,当然这种增长速度也要归功于谷歌,虽然很多业内人士会说百度是"成谷歌之美",但能够当仁不让地抓住机会引爆增长,就值得令人刮目相看。

百度为什么能有这么大的发展,这要和2010年3月份谷歌与中国政府就互联网审查问题发生纠纷事件联系在一起。在发生纠纷之后,谷歌公司便关闭了中国大陆的搜索服务,这个时候其公司政策是将把大陆的搜索用户转移到香港的服务器上,业内人士开始对谷歌能否留住中国大陆用户和广告客户担忧。此时,百度公司便抓住了这次机会,因为自己最强大的竞争对手转移了服务范围,这无疑是为百度腾出了"空间",百度因此获得了谷歌的部分广告收入,并且百度的股票在美国市场上也不断地出现上涨的情况。

花旗银行的分析师埃利西亚·雅普就在2010年7月的研究报告中指出:"我们相信百度市场份额的这种增长状况和谷歌中国部分退出中

国导致市场份额下降是有相当密切关系的。"可见，百度把握住这次机会，掌握了主动权，并且在利润额增长之后，它并没有对谷歌进行追赶。相反，百度的这次增长，让谷歌看到了自己政策上的不足，为其后来的发展也带来了新的契机。

俗话说得好，"强者生存"，现代的社会就是一个强者的社会，在社会中需要人们不断地通过自己的努力来获得成功。圣母院大学教导他们的学生一定要适应社会的发展和竞争，而不是去逃避。因为勇者是不会逃避竞争的，所以说只有适应了竞争之后，才会敢去在机会面前当仁不让。毕竟获得机会之后，你的成功也会带来周围人的成功。

圣母院大学的宗旨是鼓励人们去奋斗，为了自己的梦想奋斗，为了世界和平奋斗，为了克服疾病和困境而奋斗，为了得到机会而奋斗。在这里学生知道奋斗对于人生的重要意义，也明白奋斗带来的并不是单纯的物质享受，更多的时候奋斗的结果是获得一些促使自己成功的机会，而在机会转化成现实之后，人们的内心才能得到真正的精神享受，也才能够真正地感受到幸福和快乐。

圣母院大学不希望人们变得自私，更不希望人们在上天面前表现得胆怯，因为只有勇敢竞争，敢于争取机会的人才能够真正得到机会，也才能真正实现自己的梦想。而对于那些根本没有竞争胆识的人来讲，他们不敢去帮助自己，怎么还会乐意去帮助别人呢？所以对于我们来讲，不管我们面临怎样的困境，不管是我们身处战争中还是疾病中，也不管我们的生活是多么的贫困，只要你敢于去追求，敢于在机会即将到来的时候，迅速地伸出自己的双手，用自己坚定的双手牢牢地把握住机会，用得到的机会来改变自己所处的境地。

当然，在你改变了自己生活环境之后，千万不要忘记用心去观察一

下,看看你的周围,看看你能否帮助别人获得更多,如果你能够通过自己的力量帮助他人摆脱贫苦与苦痛、战争与不公,那么最终你的人生会变得更加圆满。

> 圣母院大学教育箴言:
> 现代社会就是一个强者的社会,在社会中需要人们不断地通过自己的努力来获得自己的成功。然而我们一定要意识到,赢得机会的目的不仅仅是为了帮助到自己,更多的时候也是为了能够实现自己美好的愿望,然后让自己发出更为耀眼的光芒,释放出更大的能量,这种能量能够为你周围的人带来幸福和快乐。

用知识成就期待,用知识点亮人生

造物主创造了人类,而人类却需要用知识来点亮自己的人生。在圣母院大学学生的眼中,书是上苍赐予人类最宝贵的财富。在我们生活中,人们喜欢在闲暇时间去看书,希望从书中获得更多的知识,用这些知识来充实自己的大脑,让自己变得更加博学,更希望用自己获得的知识来尽快实现成功,让自己的生活变得更加幸福。

当然,知识的获得不只是通过书籍来获得的,但是从书籍中获得知识已经拥有悠久的历史。在人类产生之后的不久,人们就发明了文字,开始形成书籍。而今书籍已经变得很常见,尤其是对于那些发达国家的人们来讲,个人可支配的书籍会有很多。但是对于很多国家的贫困地区来讲,书籍就是一种奢侈品。

对于贫困地区的人们来讲,他们渴望知识,渴望通过书籍来获得知识,但是因为生活过于贫困,没有物质条件来支撑他们获取知识,他们不得不放弃自己的这种追求。

所以说对于那些物质生活富足的人来说,如果只懂得去享受人生,根本不知道用书籍来充实自己的大脑,那么将会是一件多么可悲的事情。很多人会这样说:"读书没用,幸运的话很快就能够成功,生活中多少有知识的人,他们还不是一样的失败。"对于"读书无用论"的说法,圣母院大学是不会去理会的，因为他们知道知识是用来充实自己的，而不是为了直接获得某种利益或者目的。有的人会将书籍当做是垃圾一样扔掉，他们觉得这些书籍就是"废纸"，但是却不知道在贫困地区有多少孩子想要获得知识，有多少孩子渴望这些"废纸"，所以说千万不要浪费上天赐予你的知识，这些书籍会在无意间改变你的命运。

知识的获得不仅仅是通过书籍，还可以通过其他的途径，尤其是在今天，很多人都会选择网络来获得大量的信息，但是这是需要有一定的物质基础的人才能够实现的。在贫困的山区或者是地区，那里的孩子只要拥有几本书籍，就会感到十分开心和快乐。所以说，快乐很简单，就在那得到知识的瞬间。

当然，在现实社会中，我们会看到有成千上万的书籍被当做垃圾处理掉，而在贫困地区不知道有多少孩子希望能够看到这些书籍，这是一件很滑稽的事情。人类拥有知识，那么自然是希望能够享受到书籍带来的快乐，而圣母院的学生们就在为人们能够获得更多的知识而做出努力。

圣母院大学2001届的一名学生说道："书的价值是什么？启发对事业的认识、跨越界限、引发运动，但是每年超过十亿的书躺在垃圾场。"因为他们知道世界上有上亿人想要书，但是却没有办法拥有书籍。那位学生继续说道："我们希望改变世界，同时自己过得更好。"于是圣母院大学的学生找到了一种能够很好的从书中获益的方法。

在圣母院大学，有一位名叫扎维尔·哥伦布的学生，他创办了一个社会组织，这个组织的工作是收集大量有用的书籍，并且将这些书籍发到网上，这样做的目的就是为了能够让更多的人享受到读书的乐趣，从而获得更多的知识。这个组织创立于2002年，至今已经有十年的时间，而在开始的时候，这个组织的资金来源便是诺特丹社会企业大赛，公司

把三千多万本书转化为800多万美元,用于支持教育。

扎维尔·哥伦布说道:"从现在开始,圣母院各方面都很重要,让我们接触到投资者、执行官,他们帮助我们扩大规模。"他们的这个组织的创办在很大意义上是为了改变人们的价值观,建立新的价值观,不只是要实现财富价值而要有社会价值。对于圣母院大学来讲,最大的成功是其他人的评价与他们的初衷相同,人们想从买来的书中得到更多的东西。

对于圣母院大学的这个组织来讲,他们希望通过这个行为,让更多人享受到读书的乐趣,给更多人带去知识的光明。同时,他们希望人们能够明白,知识可以改变人们的价值观,同时也能够改变人生,一个人的生命不仅仅是需要物质财富作支撑,更多的是精神食粮的支持。当一个拥有亿万财富的人,却感受不到生活中的快乐和知识的积累,那么他的生活会变得毫无乐趣可言。相反,对于一个物质上不够富足的人来讲,如果他们能够从书籍中获得足够的知识,让自己的大脑变得充盈,那么他们不仅能够感受到生活的美好,更能够感受到生命的价值。知识可以帮助人们去享受生活,同时,人们也可以在生活中充实知识的框架。

圣母院大学的学生都希望通过书籍来充实自己的思想,从而实现自己的人生价值,这是一种多么宝贵的人生途径。现今,圣母院大学的这个组织依然存在,同时也在源源不断地发挥着作用。这个组织利用书籍和网络,让更多的人享受到了书籍带来的乐趣和动力,这也是他们为什么要奋斗的原因和动力。而对于我们来讲,我们自然需要书籍,即便是生活压力再大,即便你的工作再繁忙,也需要定期地去阅读,养成阅读习惯,给自己的大脑及时充电,让自己在书中获得更多的知识和道理。同时,用这些知识实现自己的成功,让自己的生活变得更加美好。

第二章　争取机会，让更多人领受它的青睐

圣母院大学致力帮助更多的人去实现自己的求知梦，他们希望通过自己更多的努力去传播知识，让更多的人能够享受到读书带来的益处。所以说如果你的生活能够支撑起阅读的费用，那么不妨去多读读书，让自己的大脑更加充实，同时，用知识来点亮自己的人生。

> 圣母院大学教育箴言：
>
> 人类拥有知识，那么自然是希望能够享受到书籍带来的快乐。那些物质生活富足的人，如果只懂得去享受人生，根本不知道用书籍来充实自己的大脑，那么将会是一件多么可悲的事情。因此不管什么时候，我们都不要浪费上天恩赐于你的知识，因为这些书籍会在无意间改变你的命运，甚至改变整个世界的命运。

用设计之美，为众人再造机遇神话

人类都喜欢美好的事物，上天也很乐意让人类发现生活中的美，从而创造出更美好的神话。尤其是对于今天社会中的人来讲，"美"无处不在，只要你拥有一双善于观察的眼睛，那么你会发现在你身边存在着各种各样的美，你的生活中也存在着美。当然最能够让人类得到满足的还是用双手来创造出来的美，设计之美不仅仅是一种感官上的享受，也会满足人们的物质生活。

人们的生活需要不断地创新，而每一次创新都会给很多人带来机遇。在生活中，不管是我们的思想还是我们所使用的一件物品，都是在不断地发展升级的。如果你的思想停滞不前，那么你就没有办法来更好地适应这个世界；如果物质产品无法时时更新，那么也就无法满足人们对物质的需求，因此，这就需要人类不断去设计和创造出新的物质产品。

当然，设计之美并非只是所设计出来的产品本身，当一件物品被设计出来，造福一方的时候，恐怕设计的魅力多是体现在给人类带来的机会和给当地人民带来的价值上。在圣母院大学，师生们试图用自己的知识来创造出更先进的物品，他们希望通过自己的设计来帮助更多的人来完成自己的梦想，也希望通过自己的设计带给人类新的发展契机。不管是在什么时候，人类要想更好地发展，自然是不断地创新，而设计的魅

力就是在创新的基础上,让更多的人感受到生活的美好,从这项设计中获得更高的物质享受。

在这个社会中,人们无时无刻不在希望自己的生活能够变得美好。尽管在很多地区,贫困依然存在,疾病既然存在,战争依然存在,但是人们总是希望自己的生活可以变得太平,自己身边可以出现更多美丽的事物,自己的生活可以变得足够富足。那么这一切都离不开设计,圣母院大学的工作理念是"设计可以改变工业村庄的生活"。他们希望通过自己的设计创造出更大的机会,从而让那些贫困地区不再贫困,让那些破败的工业村庄能够重新变得生机盎然。我们虽然不能够经常为自己创造机会,但是也不要停滞去充实自己的思想,更不要忘记发现生活中的美,通过自己的努力去认真观察一下,最终,你会发现自己的追逐渐渐变得完美,自己的生活也充满了新的机遇,这就是设计的美好和创新的魅力。

圣母院大学的安教授说道:"人们来到尼泊尔时看到了美,也看到了贫困,我却看到了机会。"在尼泊尔,那里的工匠会织出美丽的衣物,但是那里的人们却没有凭借自己的手工织品而变得富足,他们依然居住在简陋的房屋中,家中仅仅有一些生活必需品,有的人即便是生病了,也没有钱去医治,可想而知,他们并没有改变贫困的境遇。

在2006年的时候,圣母院大学工业设计教授安带领着他的学生前往尼泊尔地区,他们此次前去的目的就是要和当地的工匠进行合作,生产出毛衣产品。安教授说道:"尼泊尔有许多有才华的工匠,但工作越来越少,问题在于他们不懂得世界上其他人的需求,所以我们帮助他们打开世界市场,现在市场销售是原来的三倍,创造就业机会只是一半,我们的学生从中获得真知,并应用到产品中改善人们的生活。"

安教授就是看到那里的机会，并且诺特丹大学开发的社会设计产品也帮助了当地的人们去致富。在安教授设计的产品中包括帘布裁断机，因为这种机器在使用前需要消毒，这就降低了当地人口的死亡率，这是一个巧妙的设计。同时，还有一个便宜的洗衣机，这款洗衣机不仅能够节省水资源，还能够提升女人的生活质量。诺特丹大学2011届学生说道："这里给我一种使命感，现在我要试着拿出实体设计，试想它对人们生活有何影响。"可见，圣母院大学致力于为那里的人民创造机会，用自己的设计来帮助那里的人民，同时又能够创造出足够的财富。

或许你会认为"设计"并不是人人都能够去做的，只有那些知识水平比较高的人才能完成。其实，生活中处处都可以体现出设计的魅力，比如说你可以制作出一个简易的衣架，目的是为了节约阳台的空间，能够在同一时间晾晒更多的衣服。所以说设计就是在创造机会，不仅仅是为自己，有时候你的设计可以造福很多人。

圣母院大学的设计理念便是为了创造机会，因为他们知道机会在很多时候是等不到的，只有用自己的知识和双手积极地去创造，才能够开垦出一片新的田地。如果你不懂得如何去创造机会，只是傻傻地等待，那么最终只会被机会戏弄。在生活中，我们常常会看到一些成功人士，总是在不断地创新，不管是在思想上还是在自己的生活中。比如说比尔·盖茨，他总是逼迫自己的企业产品不断地创新，尽快让自己的软件创新升级，因为他知道只有创新才能够为自己创造更多的机会，也只有创新才能够帮助自己完成自己的梦想。

上天喜欢那些积极探求的人们，因此，会不断地赐予那些人更多的机会。圣母院大学的学生深知只有利用自己的知识，然后不断地去磨练自己的意志，这样才能够让自己的生活变得更加美好，也才能为

自己创造更多成功的机遇。在圣母院的学习会帮助他们去掌握更多的知识，那里的教授们也致力于为学生们创造更多的机会，让学生们从设计中体现出自己的价值，并且让学生感受到设计之美。圣母院大学通过师生的设计，在不断地为人类变得富足创造机会，至今他们还在不断地努力创造着。

> 圣母院大学教育箴言：
> 或许你会认为"设计"并不是人人都能够去做的，只有那些知识水平比较高的人才能完成，其实，生活中处处都可以体现出设计的魅力。人类要想能够更好地发展，自然是不断地创新，而设计的魅力就是在创新的基础上，让更多的人感受到生活的美好，从这项设计中获得更高的物质享受。上天喜欢那些积极探求的人们，因此，会不断地赐予那些人更多的机会。假如你确信你对这个世界着实热爱，就千万不要吝惜你天才的创造力，因为每个人都可以成为这个世界不同领域的天才设计师。

让更多的人，因你的存在而与众不同

社会是一个纷繁复杂的大家庭，而每个人都会成为社会中的一员。有的自卑的人会觉得造物主是不公平的，为什么让自己来到这个世界上，同时又让自己变得那么渺小。所以他们开始怨恨命运不公，抱怨社会不平。圣母院大学教导我们千万不要看不起自己，再渺小的人也能够改变别人，所以说一个人改变别人之前，需要的是壮大自己。

我们经常会说到"榜样"的作用，在生活中，不管是社会还是人们自己，都希望给他人树立一个榜样，因为榜样的最大作用，便是能够影响到其他人。好的榜样能够对他人的人生起到好的作用，坏榜样的害处自然也是无穷。由此可见，人类社会需要好榜样的存在，那么你可曾问过自己："我能不能成为别人的榜样？我是否受到了别人的影响？"

提到榜样，当然并不是每个人都能够成为别人的榜样。就如同明星一样，明星具有很强的号召力，对于明星来讲，他们需要的就是感召力和人们的认同感，所以说他们自身便带有一种影响力，这种影响力可大可小，小到对人们的习惯的影响，大到对一个人的价值观的影响。所以说圣母院大学很注重学生的影响力的培养。一个人要想影响到别人，那么就要先去充实自己。

充实自己的方法有很多，圣母院大学希望人们能够通过知识来充实自己，通过知识来改变自己的命运，然后通过自己的经验和阅历来影响到别人，给别人带去积极的影响，让别人的生命也变得与众不同，成为下一个具有影响力和感染力的典型代表。在大千世界中，一个人的力量是渺小的，但是对于人类来讲，一个具有影响力的人的作用又是十分巨大的，如圣母院大学的教授说的那样："我们是奋斗的爱尔兰人。"这句话其实就是在宣扬自我奋斗的精神，通过这种精神让人们明白个人的力量并不渺小，可以通过自我奋斗来影响到其他人，从而改变别人的命运和价值观。

圣母院大学拥有悠久的历史，因此也培养出了很多有影响力的学生，比如科菲·安南，他在1996年任职联合国秘书长，在2006年12月31日正式卸任，在其为期十年的联合国秘书长任职中，他发挥了很大的作用，也对各国的人民产生了一定的影响。

科菲·安南为世界和平做出了杰出贡献，在他为联合国效力期间，维和事务得到了巨大的进展，也因此让联合国和他本人荣膺诺贝尔和平奖。他也亲身经历和见证世界上一系列的大事件，比如波黑战争、东帝汶维和行动、海湾战争、科索沃战争、"9·11"事件、伊拉克战争等等，并在其中发挥了举足轻重的作用。可以说安南一个人的力量往往能够影响到一个国家的政局变化。

就在安南在获得诺贝尔和平奖的时候，他进行了激动人心的演讲，在演讲中有这么一段话："我们必须要认识到和平问题不仅仅属于某个国家或人民，而是以所有国家的每一个成员为起步点的。而国家的主权不能再被用作严重侵犯人权的挡箭牌。和平问题必须是现实的，而和平问题要对每个生活困难的人的日常生活有实际好处。因此，必须谋求和平，要想实现和平其首要原因，是因为和平是人类大家庭每个成员都过

上尊严和安全生活的条件。"而安南对于世界和平的影响也发挥了很大的作用,他的思想影响到了整个世界上的国家对外政策。

一个人的力量是大是小?这个问题很难去评定,所谓的力量强大还是弱小,关键是要有参照物的。而一个人要想通过自己的所作所为来影响到别人的思想或者是价值观,这似乎并不是一件容易的事情,因为人类的大脑都有一种自我意识,这种意识总是会要求自己不去按照别人的思想做事情,这种反叛的思想在孩子身上最容易体现出来。所以说当你想要用自己感觉正确的思想去影响别人的时候,如果方法不当,别人会自然而然地去反抗,这种反抗总是能够将你的好意拒之门外。所以说一个有影响力的人,不一定有多么高远的思想,但是绝对懂得能够让别人承认自己的方法。

圣母院大学培养出了很多有影响力的人物,比如说富兰克林·罗斯福。后来,罗斯福成为了美国的第三十二届总统,而在圣母院大学学习到的知识对他的一生有着很重要的帮助,并且,他也能够通过自己所学,壮大自己,从而让自己在后来的政界生涯中影响到当时整个国家。而他本人的思想也影响到很多人,改变了很多人的命运。

你是否问过自己:"我生存的价值是什么?"恐怕很少有人想过这个问题,即便是你拥有多么高的地位和多么丰富的物质财富,如果你不能够影响到别人,帮助别人实现他们的梦想,那么你只会觉得自己的生活失去了意义,毫无乐趣可言。对于一个成功的人来讲,他们很乐意将自己的思想或者是观念传播给别人,从而能够帮助别人少走弯路。

其实,世界就是一个奇怪的大家庭,在这个大家庭中,每个成员都有自己的思想,但是每个成员都希望别人能够认同自己的思想,这并不是一件容易的事情,因为没有人甘于臣服于你的思想,他们更愿意跟随

主流的意愿。而你要想对别人的生活或者是人生产生一定积极的影响，那么你就要时刻记住圣母院大学的宗旨：用自己的能量来服务他人。这样自然能够赢得对方的尊重，你的思想自然也就能够成为别人生命中不可或缺的一部分。

圣母院大学教育箴言：

一个人的力量是大是小？这个问题很难去评定，所谓的力量强大还是弱小，关键是要有参照物的。一个有影响力的人，不一定有多么高远的思想，但是绝对懂得能够让别人承认自己的方法。对于一个成功的人来来讲，他们很乐意将自己的思想或者是观念传播给别人，从而能够帮助别人少走弯路。作为一个品质高尚的人，假如每个人都能拿出那么一点奉献精神，就完全可以在点亮自己的同时，让别人的人生也因此而与众不同。

我有能力帮更多人获得财富

一个人的能力不仅仅体现在实现自己的理想上,还可以通过帮助别人获得财富来体现。在这个大千世界中,每个人都希望自己拥有丰厚的财富,于是,人们似乎是为了自己能够得到财富才开始努力和奋斗的,其实不然。圣母院大学告诉我们懂得帮助别人,实现别人的财富梦,其实也就是在帮助自己完成自己的价值观。

财富总是很诱人的,当然,财富可以分为物质财富和精神财富,而不管是哪种财富都十分诱人。当然,上苍也并不会吝啬这些财富,因为上苍喜欢人类通过努力来获得财富。世界上总是不乏一些想要通过捷径获得财富的人,他们总是希望自己能够在很短的时间内获得丰厚的物质财富,从而他们开始变得"丧心病狂"、失去理智,这并不是什么好事情,所以说要想获得更多的财富不如通过正当的途径,让自己变得更加有能力。

一个真正拥有财富的人是不会吝啬帮助别人的,因为这样的人的心灵中是最先获得财富的,他们明白帮助别人实现愿望的重要性和价值。当一个人愿意用自己的成功来帮助别人摆脱困境或者是摆脱贫穷的时候,他们也就能够拥有更多的财富,这个时候的财富可能并不是物质上的,可能是人生价值观的一次体现。对于圣母院大学来讲,他们致力培

养学生们的精神财富,告知孩子们通过运用自己的精神财富去付出自己的努力,创造出物质财富,从而帮助其他的人也实现同样的梦想。

世界上富翁有多少,贫困者就会有多少,所以说世界才会看起来比较平等。在一些贫困地区,人们的生存已经受到了威胁,那里没有足够的医药,即使他们面临疾病也无法来医治;在那里缺少干净的水源,人们只能饮用受到污染的水来解渴;那里根本没有书籍供孩子们学习和阅读,因为人们连肚子都吃不饱,还怎么有时间来关心大脑呢?圣母院大学看到了那些地区的贫困,于是教导学生要用自己的知识来帮助那里的人,让他们感受到公平,让他们知道世界上还是有美好的东西的,让他们变得相对富足起来。

在美国,有这样一位单亲母亲,她白天在有钱人家里做女佣,晚上下班之后要回到很偏远的家中与自己4岁的儿子相依为命。这个富人知道了女佣的情况后,也看到女佣每天都要这么辛苦,心里不忍,便给她和孩子腾出个房间,对女佣说让她将自己的孩子接过来,今后她和孩子都可以吃住在富人家中,住宿和吃饭都是免费的,薪水还照发。女佣却没有按照主人要求的去做,她道了谢,她担心的事情是在主人家的大房子里,是那么的豪华,洗手间都有好几个,最小的洗手间也比她家的房子大,她不知道贫穷与富有的巨大落差,会对一个4岁的孩子产生怎样的影响。

一次,主人晚上要宴请很多客人,便要求女佣加班,但是她担心儿子在家会害怕,便不得不将儿子接到主人家中,主人同意之后,让孩子和客人们一起吃饭。等到女佣将孩子接过来之后,她将儿子带到了一个小的洗手间,告诉儿子这是主人专门为儿子准备的房间,并且拿出了一个汉堡和香肠,这是女佣在路上专门为儿子买的。她的儿子的个子很小,

够不到桌子，便将食物放到了马桶上，坐在地上食用这顿美餐。

主人一直没看到女佣的儿子，便问女佣，女佣支支吾吾，主人自然看出来了女佣的心思，便四处寻找男孩儿，终于在一间小的洗手间中看到了孩子吃饭的那一幕，富人走上前去和孩子交流，孩子说这是主人给自己准备的房间，香肠真的很好吃，他邀请富人一起食用，富人被深深地感动了。他回到大厅端来很多食物来到洗手间，陪着小男孩儿度过了一个美好的夜晚。

多年之后，小男孩儿长大了，也成为了富人，他没有忘记那个夜晚，他说："那个富人维护了一个4岁男孩儿的自尊，同时，也给予了我思想上的财富。"男孩儿成了富人，找到了自己4岁时见到的那位富人，他虽然已经是白发苍苍，但是男孩儿还是一眼就认出了他。

这个例子中富人用自己的尊重成全了男孩儿，也用自己的行为给予了男孩儿思想财富。能力并不是我们所想的只要是能让自己的生活变得富足就可以，真正有能力的人需要的是让自己过得舒服的同时，也能够帮助他人实现愿望和理想，帮助别人的生活变得足够的富裕。一个真正有爱心的人，会用心观察自己周围的人们，然后尽自己的努力来帮助别人过得好一些。有的人希望自己能够得到渊博的知识，但是却因为某种原因无法实现这个愿望。而有的人希望自己能够拥有丰富的物质财富，掌握赚钱的本领，但是却因为很多原因无法实现自己的愿望，所以说帮助别人实现自己的财富梦其实就是在帮助自己实现人生价值。

假如你用心观察，你会发现在每个国家甚至是每个地区都会有需要帮助的人，他们可能生活在战争中，被暴力和恐怖围绕，失去自由和安全，根本享受不到精神的安宁和丰富的物质生活；或者他们疾病缠身，根本没有足够的医药和先进的医疗水平，因此他们变得无法生存，根本

找不到快乐的生活所在。他们渴望自己的思想能够自由和丰富，希望自己的生活能够安全和富有，但是战争和疾病偏偏会围绕在他们的周围。圣母院大学希望来这里的学生都能够珍惜这么好的学习环境，学习更多的知识，然后将知识付诸实践，帮助那些需要帮助的人摆脱战争和疾病，从而过上安全幸福的生活，这也是一种财富。

如果你要问在这个世界上你到底能做些什么，圣母院大学的师生会坚定地告诉你"献出你的爱心，用你的力量去帮助生活在贫穷与战争中的人们，帮助他们获得财富"。如今圣母院大学的师生仍然在用爱传递着自己的信念，用自己学到的知识和研究的成果来尽可能多地帮助世界上的人们，因为那些贫困地区人们的笑脸就是对他们最大的赞扬和肯定。

> 圣母院大学教育箴言：
> 一个真正拥有财富的人是不会吝啬帮助别人的，因为这样的人的心灵中是最先获得财富的，他们明白帮助别人实现愿望的重要性和价值。能力并不是我们所想的只要是能让自己的生活变得富足就可以，真正有能力的人需要的是让自己过得舒服的同时，也能够帮助他人实现自己的愿望和理想，帮助别人的生活变得足够的富裕。假如有一天你可以充满自信地说"我有能力帮忙更多的人获得财富"，那么就在那一刻，你在世界眼中已经成为了无价的宝贵财富。

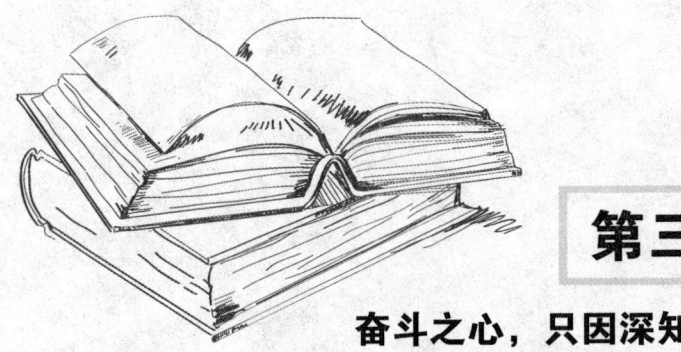

第三章

奋斗之心，只因深知肩负责任之重

有没有问过自己，人的一生究竟可以承载多少责任。当我们慢慢步入成年开始意识到自己人生的担子是如此的繁重，我们不但要对自己负责，对家庭负责，还要对社会负责。不管我们认同还是不认同，在自己短暂的一生中，每个人注定要为别人承担一些东西。假如我们将自己的承担变为自己的信仰和事业，那么我们人生的历程必然会充斥着幸福的成就感。相反假如我们这辈子心中只有自己，而不去考虑别人，那么我们生命的整个过程就必将面临诸多无助和寂寥。事实上，一切都是相对的，我们为别人分担的同时，别人也会主动地为我们承担很多。我们来到这个世界上就是要为彼此而奋斗的，只有不断地彼此承担，才能最终营造帮助别人成全自己的双赢局面。

第三章
奋斗之心,只因深知肩负责任之重

重新思考,什么才是真正的事业

每个人的追求都有所不同,但我们相信每个人的内心都会有一个精彩的事业梦。然而,在人们费尽心机地去努力,想要追求自己想要的事业的时候,可否想过,到底什么才是自己真正的事业?这个问题很值得去思考,如果你不断追求的事业并不能够体现出你的价值,那么你所拥有的事业也就不能够让你感觉到生活的快乐。

不管是在何种情况下,一个人总是要追求点什么,如果一个人没有了自己的信仰和追求,那么自然也就感受不到生活的快乐。我们经常会听到有人说"我的生活没有了目标,我不知道我眼前的路是什么样子的"。如果一个人没有了自己的目标,那么他的眼前只会是一片迷茫,而这种迷茫会让一个人变得颓废,根本找不到生活的动力和幸福,所以说不管做什么事情都要找到自己生活的目标。因此,有的人会将自己的事业定位为自己的目标,但是什么样的事业才是你真正的事业呢?

上天希望他的孩子都能够勇敢和积极地面对自己的人生,人类也希

望自己的人生变得精彩，于是便会为自己的生活进行美妙的定位，给自己设定一个事业目标，有的人会将自己的事业定位在金钱上，认为成功者的表现因素就是具有丰厚的财力。或者，有的人会将自己的事业定位为获得更高的权力和地位，在他们的眼中只有拥有了很高的地位才是成功的表现。其实不然，一个成功的人需要的是让自己的生活变得更加精彩，通过自己的事业能够让自己变得更加快乐。人活着短短数十载，如果追求的事物不能够让自己感觉到快乐，那么最终自己的生活还有什么意义呢？

故此，在你强调事业的时候，应该静下心来，忘记周围的一切奢华，让自己明白什么才是真正的事业，如果现在的你已经拥有了丰富的物质财富，那么不妨看看周围的人们，看看那些生活在贫困中的孩子，看看那些在战争的苦难中挣扎的人们，看看那些被疾病困扰的可怜的人。或许这个时候你会明白自己要做的是什么，什么才应该是自己真正的事业，如果你不能很好地明白这一点，那么最终你所拥有的金钱其实也只是一堆废纸，丝毫不会发挥它的作用，而你的生活也不会变得快乐。

圣母院大学一直在倡导着奋斗，为一切值得尊重的事业而奋斗，鼓励自己学校的师生能够认清自己生命的道路，从事自己认为值得从事的事业，找到自己生活的目标，让自己的事业变得不再那么被动和狭隘。当一个人只是将事业定位为"金钱"和"地位"的时候，他的双眼便会被一层烟雾遮挡，根本看不清自己人生真正的方向，更不会感觉到生活的乐趣。

众所周知现在我们生活中，每个人每天都要消耗很多能源，现在能源不足以满足现在的需求，那么这就需要人们去开发新的能源，缓解能源不足的现象。诺特丹大学2011届学生这样说道："在日常生活中，

我们很容易把能源看作是理所当然的存在，但每一秒，能源都发生着巨大的作用。不幸的是能源消耗日益增多，我们继续污染环境，面临严重的能源问题。"

圣母院大学的一名教授说道："核能有这种潜力作为清洁能源，能有效地改善目前状况。"

在圣母院大学皮特教授的指导下，诺特丹能源中心为把废弃物转化为能源打下重要基础，通过研究铀矿和环境化学，发现了人们所不知道的一些新物质，这些新物质对燃料在利用放射物处理和核能开发有重大意义。核燃料离开放射堆之后，就成了废品，但是95%的能源还在那里，通过诺特丹研制的循环利用技术，便能够得到更多能源。

对于圣母院大学的学生来讲，解决人类能源消耗不足的问题就是他们一生追求的事业。一位学生这样说道："我们对能源进行研究，看着人类可用能源在一天一天减少，我们深刻感受到自己背负的使命，我愿意将开发新能源和对新能源进行研究作为我一生追求的事业，这是一件很有意义的事情。如果充分挖掘核能的潜力，就能够提高人们的生活质量，为后代创造可持续发展的世界。"

真正的事业往往具有很重要的意义和价值，这种价值不仅仅局限于个人，往往和整个国家甚至是整个世界有着紧密的联系，这种联系能够让人类自身受益，甚至能够通过对事业的追求来改变他人的生活条件和生存环境。所以说千万不要将自己的事业进行简单的定位，只是局限在满足自己利益的追求之上，这样在你慢慢老去的时候，你的内心甚至会感受到些许后悔。

为了你的事业而奋斗，但是究竟什么才是你的事业？很多人奋斗一辈子却不知道自己的事业是什么，有的人为了追逐金钱，便觉得金钱就

是自己的事业,有的人为追逐权势,得到无比高的权力则成了他的事业,但是这些事业真的会让他感觉到快乐吗?当一个人拥有了一定的物质基础的时候,他如果只是单纯地追求金钱,那么他不会再有人生的冲动和激情,而这个时候,事业也就不能仅仅限于物质方面了,更多的是要将自己的事业升华,上升到一定的精神领域。人活着就是为了能够开心快乐,如果一个人能够用自己的物质财富换得自己的开心和幸福,同时帮助别人实现了愿望,那么何乐而不为呢?所以说作为一个想要幸福的人,还是应该重新的思考一下什么才是你真正的事业吧,只有当你知道了什么才是你真正的事业,最终你才能够通过自己的事业来感受到生活中异样的美好,并且让自己的生命变得更加灿烂。

圣母院大学希望在那里生活和学习的学生都能够认识到,世界上不仅只有对金钱和物质的追逐才是事业,真正的事业往往是和整个社会的安危分不开的。世界万物都在不停地变化着,而这种变化需要你用自己的精力和时间去奋斗。在世界上,仍然有很多黑暗的角落,那里充满了战争的硝烟、疾病的霍乱、贫穷的惨淡,这些都需要人们去克服和征服。

或许你会怀疑自己的力量,将自己定位得过于渺小,千万不要觉得自己的生活圈过于狭小。每个人都会发出巨大的能量,只是你没有找到激发自己能量的窍门。如果你想要让自己的生活变得更加美好,那么就要让自己勇敢起来,告诉自己"我能行",然后给自己制定一个远大的目标,将这个对自己和对别人都有帮助的事情当做是自己的事业,然后付出自己的努力,不断地去奋斗,最终你会发现自己的梦想已经实现,自己也能够帮助别人实现梦想,当你的事业已经关乎到很多人的生活和生存,你的事业会帮助一些生活在战争中的人摆脱苦难,会帮助被疾病困扰的人摆脱疾病,这个时候你会发现原来自己的生活是那么的有意义,生活中充满着乐趣和欢笑。

第三章
奋斗之心，只因深知肩负责任之重

圣母院大学教育箴言：

真正的事业往往具有很重要的意义和价值，这种价值不仅仅局限于个人，往往和整个国家甚至是整个世界有着紧密的联系，这种联系能够让人类自身受益，甚至能够通过对事业的追求来改变他人的生活条件和生存环境。假如你的内心还有诸多的不确定，那么此时此刻不如多给自己几分钟好好思考一下什么真正的事业吧，因为只有真正了解事业的意义的人，才能切实感受到它对于自己生活的美好，才能真正用它证明自己在这个世界上存在的真正价值。

跨越界限，才能真正看清自己的使命

世界上本来没有那么多的界限，世界本是一个整体，是人们的自私心将世界分成了若干块，然后有的人试图将这些地区写上属于自己的标签，认为这样就能够拥有这些地区。却不知道，在划分好界限之后，人们之间的隔阂慢慢产生，差距也越来越大，有的地方变得繁荣，有的地方日益贫穷，这并不是当地人的过错，只是那些界限的误导。

当然不管你从事的是哪一领域的工作，也不管你生活在哪个地方。作为一个人都应该天然地给自己赋予一定的使命感，只有这样你才能够认识到自己存在的价值。可以想象，如果一个人不明白自己存在的价值，或者根本不知道自己的使命感是什么，那么他的所作所为便是根本没有任何意义，就连他的日常生活也会变得毫无乐趣。因为使命感在很多时候就是人们前进的一种动力，只有拥有了动力，人们才会更加积极地去奋斗和实现自己的目标。一个整天垂头丧气的人，怎么可能会积极地实现自己的人生价值呢？

上天赋予了人们平等的权利，因为不管你生活在哪个地方，不管你是贫穷还是富有，在上天的眼中，都是他的孩子，他都愿意用自己的爱来包容你。所以说不要认为自己多么的高人一等，也不要因为自己的肤色或者是生活的环境而觉得自己低人一等，这样的思想是完全没有必要

的。如果你总是在给自己划定界限，将自己放置在一个小圈圈内，那么最终你对自己的认识会产生一定的误差，随着时间的增加，误差也会慢慢地加大，这对你的成长和发展自然是没有好处的。因此，千万不要限定自己生存的界限，不要觉得自己的富足表明自己高人一等，也不要觉得自己的肤色是低贱的标志。只要你能够认清自己，那么你就能够找到自己的人生目标，把握好自己奋斗的方向和使命。

圣母院大学鼓励人们去为了美好的明天去奋斗，他们希望每个人都能够成为勇士，为成功而付出自己的努力。所以说当圣母院大学的师生看到了世界上处在贫苦与战争中的人们时，他们知道自己的使命之多么的艰巨，他们不允许自己松懈下来，更不希望自己浪费每一天，因为他们知道自己的每一分钟的努力可能都会帮助到很多人，这就是他们的使命，他们有责任运用自己学到的知识来帮助生活困苦的人。圣母院大学要求在这个所学校的每个学生都认清自己以后的人生道路，找准自己发展的目标，承担起自己应该承担的使命，做一个上天面前的勇敢者。

不管现在的你拥有多么高的地位，也不管你现在拥有多少金钱，你都应该知道一点：那就是认真地分析自己，不要被眼前的金钱或者是地位所束缚住，将自己局限在一点上。因此，要认清自己，千万不要将自己的优点扩大，更不要无限制地贬低自己，其实你能够做的事情有很多，你可以实现的事情也有很多。

人与人之间不应该有界限，因为只有相互了解和信任才能够相互理解，也只有这样才能够让你拥有更多的机会，利用这些机会你能够了解自己，对自己有一个更好更准确的定位，也只有这样你才能够实现自己的理想和愿望。即便你是一个十分幸运的人，拥有了丰富的物质生活，也有着强健的身体、良好的人际关系，你也不应该忘记自己的使命，这

个时候你要问问自己什么才是自己的使命，给自己找到一个比较高尚的目标，让自己为别人做点什么，同时让自己变得更加快乐。

"我叫皮特，是位和平战士，50年来哥伦比亚充实着各种暴力活动，和平建设就是为了减少人民和国家间的暴力活动。Laindia（地名）是通向许多村庄的门户，人们聚在一起应对游击队，准军事行为和国家军队，他们直面武装力量，同时手无寸铁，这是应对暴力的创举。我希望增加经验明白他们在做什么，为哥伦比亚创造可能性。"

"我叫马里亚，来自哥伦比亚首都波哥大，在那里生活的日子很艰难，一整代人都在暴力中长大，每个人都说要为商业服务，因为我们不能重走现在走的路。"现在马里亚已经是圣母院大学的一名在校生。他在回忆自己儿时的生活时，回忆起在自己生活的那片土地上充斥着暴力和战争，根本没有安定，老百姓的生命和安全受到了极大的威胁。他深知自己的使命，自己在这里的学习，也是为了将来帮助自己的国家变得稳定，帮助家乡的人们过上安定的生活，这就是他的使命。

诺特丹致力于帮助哥伦比亚社区和平解决冲突，在圣母院大学中的约翰教授，正在对这一项目进行研究，希望用他前瞻性的和平构建方法帮助到那些深受其害的人们。约翰教授说道："我们需要努力将课堂活动运用到现实中受到威胁的社区，我们有这项义务，后代也是。"

圣母院大学鼓励来自战争国家的留学生，让他们不断地去回忆和了解自己国家的政局变化，让孩子们知道自己身为国家的一分子，现在又获得了这么好的教育，那么就应该认真地分析自己的使命，用自己所学的东西来帮助自己的国家摆脱战乱，让人们过上比较稳定的生活。

人与人之间没有三六九等之分，因为每个人都是上天的孩子。回想一下只要是谁将人们分成了三六九等，那么自然会自取其辱。比如在纳粹统治时期，纳粹党说犹太民族是最无知最卑微的民族，说犹太人是最肮脏的社会寄生虫，于是便开始对犹太人进行迫害，甚至大量地屠杀犹太人，最终的结果只能是引起世界各国人们的痛恨，遭到世界人权的一致批评。这虽然只是一个历史片段，但是从这个历史片段中，我们不难看到，一旦你觉得对方不如你，或者说你总是觉得自己是天使，总是高人一等的话，那么你身边的人自然会远离你，你的朋友也会慢慢地疏远你，你的身边不会有亲人的陪伴，最终只能是孤独的一个人，这就是你自己将自己关进了牢笼。

世界上不稳定的因素有很多，圣母院大学选择了对很多不稳定的因素进行研究，比如说在疾病医治方面、战争方面、人权方面、贫穷方面等等，这些负面的因素都是引起世界变动的主要原因。而圣母院大学的师生正是认识到自己的使命，才会冒着生命危险去研究和造福他人。在很多时候，我们需要为自己的行为负责，而要想让自己做得更好或者说是少犯错误，那么就要认清自己，将自己所处的位置摆正，只有这样你最终才能够得到自己想要得到的东西，也才能完成自己的使命。

圣母院大学希望每个人都能够为自己的使命而奋斗到底，当然，圣母院大学的师生也在不断地努力，希望能够为了世界的和平和安定发挥更大的作用，每一届的圣母院学生都在用自己的智慧来造福世界，这种精神值得所有人去学习。即便现在的你拥有很丰厚的财力，也千万不要在走路的时候蔑视你周围的人，因为你的财富并不能代表你高人一等，也不能代表你是值得别人尊重的，只有你选择用自己的行动来帮助到别人，让别人和你一样能够过上安定富足的生活，那么你才能够得到别人的尊重，别人也会乐意将你视为他们心目中的成功的人。

世界上总是有不如意的事情存在，很多人的生活都是那么的不如意，

他们的生活环境是那么的艰难，甚至可以说他们的生活环境中缺乏最基本的条件，比如说和平、健康、食物，但是他们还在为了能够拥有别人看似最平常的生存条件而奋斗着，那么对于你来讲，是不是应该学习圣母院大学的精神呢？让自己充满使命感，不管是为了他人还是为了自己的国家，让自己成为一个敢于担当的一分子，成为一个勇敢的人。因为，上天喜欢有担当的人，更喜欢勇敢帮助别人的人。

圣母院大学鼓励人们去帮助其他人，这也是圣母院大学各个学院的使命，对于现实中的我们来讲，我们应该站在更为合适的角度去认识自己，千万不要高估自己也不要贬低自己，认识好自己的身份，然后分析好自己的任务和责任是什么，哪怕你发现自己的责任只是去照顾好你的亲人，你能够做好这一点，那么你也是一个成功的人，一个值得被尊重的人。

> 圣母院大学教育箴言：
>
> 不管现在的你拥有多么高的地位，也不管你现在拥有多少金钱，你都应该知道一点，那就是认真地分析自己，不要被当下的金钱或者是地位所束缚住，将自己局限在一点上。人与人之间不应该有界限，因为只有相互了解和信任才能够相互理解，也只有这样才能够让你拥有更多的机会，利用这些机会你才能够了解自己，对自己有一个更好更准确的定位，也只有这样你才能够实现自己的理想和愿望。

第三章
奋斗之心，只因深知肩负责任之重

相信你的笔尖，相信文字的生命力

文字似乎充实着生命的命脉，盈盈然，脉脉然，而文字本身就充满了力量，在文字的天堂，每个人都能够从不同的文字中掌握到自己需要的信息和智慧，或许这就是文字的生命力。不管是在什么样的时代，文字永远是人与人交流的力量源泉。所以说要想实现自己的人生价值，那么还是去相信文字的力量吧。

当你拿起笔，用文字在纸上表述着自己的思想的时候，你应该能够看到自己生活的快乐，也只有这样你才能够感受到文字带给你的乐趣。每当我们拿起笔的时候，你就应该相信自己，相信自己手中的笔能够帮助自己写出充满力量的文字，而你的文字也能够帮助你实现自己的愿望，这就是文字的生命力。

喧嚣的世界中，寂寞的人却不在少数，而寂寞常常被人们挂在嘴边，人似乎只有和其他人在一起的时候才不会感觉到寂寞，其实不然，一个有思想的人即便是独处的时候也不会感觉到寂寞，因为他明白自己的思想在与自己作伴，当他们独自一人的时候，他们会学着用笔头，用文字来表达自己的思想，这样做的目的很简单，就是为了彰显自己生命的价值。

知识，这是一种很美妙的东西。人的一生似乎都是在探寻知识，想

要学到更多的知识，人们想要通过知识来改变自己的命运，但是在很多地方，那里的人们根本没有学习知识的机会，他们即便对知识充满了渴望，但是却无法拥有学习知识的途径。圣母院大学的师生就发现了这一点，他们鼓励人们去获得知识，希望人们能够通过知识来改变自己的命运，因此，他们也在为这一事情努力着。

文字在很多时候就代表着知识，它是灵魂的独白，一个人通过文字的只言片语，便能够慢慢对他人进行有效的了解，此时此刻，你便会出现不由自主地对他有所好奇，有种结识的渴望。有的人喜欢在夜深人静的时候细细品读文字，穿越时空，跨越区域，了解其他国家的生活状况和人民的思想，这是多么美好的享受。

圣母院大学鼓励人们去奋斗、去获取知识，同时也希望人们能够坚信书本的力量和文字的力量。文字能够让思想饥渴的人解渴，让他们感受到文字的魅力和快乐。对于那些思想需要充实的人来讲，文字无疑是一种最佳选择，他们会选择用文字来充实自己的思想，让自己的行为变得更加合乎情理，最终享受到一种安宁。在贫困的地方，那里的孩子根本无法享受到这种待遇，他们渴望能够被文字洗礼，但是因为贫困，他们连简单的书籍都无法享用，他们无法接受好的教育，也无法对事物进行正确的认知。圣母院大学认知到了这一点，他们不忍心那些孩子就这样盲目地过下去，他们希望用自己的方法和方式来帮助贫困地区的人，让他们同样能够感受到文字的力量，接受文字的洗礼，让知识充实他们的大脑，改变他们的人生。

圣母院大学的教授给学生讲了一个这样的故事：有一次，高尔基在认真地写作，但是不知道怎么回事儿，他的房间突然失火了，他没有立即跑出门外，而是首先抱起了自己的书籍和自己的书稿，其他的任何东西他都没有考虑。为了抢救书籍,他险些被大火烧死。当他将自己喜欢的书籍全部抢救出来之后,他是那么的开心,自己的房屋被烧毁了,他丝毫没有伤悲,当时,很多人不理解他的行为,甚至有的人觉得他是一个"书呆子"。但是,高尔基用他的笔杆子告诉人们这些书籍对他的重要性,如果没有那些书籍,也许就不会有今天的这个文学巨匠。

高尔基说:"书籍一面启发着我的智慧和心灵,一面帮助我在一片烂泥塘里站起来,如果不是书籍的话,我就沉没在这片泥塘里,我就要被愚蠢和下流淹死。"圣母院大学的教授希望通过这件事情来告诉学生,书籍对于人们的重要性,就连这么著名的文学巨匠也不敢忽视书籍和文字的作用和力量,那么我们还有什么资格不去重视文字呢?

圣母院大学的一名教授说道:"在洛杉矶中南部是无希望的土地,充满暴力和毒品,高中辍学率很高,教育是为改善孩子的生活存在的。为此,我们创办了ACE项目,这个项目是为帮助缺乏资源的学校设立的。它们是为公众服务的地方,满足社会对老师的需求,诺特丹大学创办了ACE天主教教育联盟,专门为美国的天主教学校培养教师。当ACE刚来到这里时面临倒闭,如今已培养出新的一批老师。在那里一开始只有2个八年级的学生继续上高中,七年后有超过85%的学生,而且所有申请者都被录取,还获得了奖学金。"

圣母院大学的教授说道:"你看到许多家庭从这所学校寻找希望,希望通过它改变命运走出贫困,这就是我们要做的事情,我们希望那里的孩子能够在学校里体会到文字带给他们的乐趣和充实,让他们了解更多的知识,最终能够用文字来改变自己的命运。"

文字并不枯燥,对于很多懒惰的人来讲,他们好像并不喜欢文字,更是懒得去阅读精彩的文字,在他们的眼中文字可能就是一些枯燥的符

号,他们看到文字之后就会产生厌烦的情绪,他们甚至讨厌文字,觉得文字不会带给自己任何力量,只会让自己变得懦弱。而对于那些智慧的人来讲,他们每天都希望生活在文字的海洋中,因为他们知道文字会带给自己快乐,也会帮助自己充实思想,在他们的生活中,文字和书籍是不可或缺的,他们喜欢用闲暇的时间去阅读书籍,然后用文字来表达自己的思想。

每个人的生命都是有限的,而一个聪明的人总是会用自己有限的生命来阅读更多的书籍,目的很简单,就是想要通过书籍获得知识,随后充实自己的思想,最终用文字表述出来,得到别人的认可或者是帮助别人充实他们的思想,最终帮助别人改变命运。尤其是对于那些贫苦地区的人们来讲,他们渴望自己的命运得到改变,于是这就需要文字作为他们前进的动力。圣母院大学的师生正是了解到那里人们的思想,发现自己的努力或许能够帮助他们实现愿望,于是便进行了研究和发展,希望将更多的书籍带到那里,然后帮助他们获得知识,从而让他们的思想能够时不时地跳动着文字的符号,最终能够帮助那里的人们改变命运。请你仔细地观察,在世界上有多少人在渴望着读书,渴望着能够从书中得到自己想要得到的知识,但是他们生存的条件并不允许,或者说读书对他们来讲就是一种奢侈,他们只能够羡慕那些发达国家或者是拥有书籍的人们。同时,他们想要用自己的笔杆子表达自己的思想,想要用文字表达自己的心情。这个对我们来讲看似简单的愿望,对于他们来讲其实是那么地艰难。

圣母院大学希望人们能够通过知识来改变自己的命运,通过文字来表达自己的思想,他们在不断地付出自己的努力,希望人们能够因为文字变得更加有活力和激情四射,从而通过文字来改变自己的命运,而现

第三章
奋斗之心，只因深知肩负责任之重

在的我们要向圣母院大学的这种助人精神学习，相信自己笔下的文字，相信这些文字能够改变自己的命运。鼓励我们身边的人，让他们通过自己的笔表达出自己真实的思想，帮助那些没有办法用文字表达自己思想的人们，让他们感觉到你的伟大和力量。

> 圣母院大学教育箴言：
>
> 文字在很多时候就代表着知识，它是灵魂的独白，当一个人通过文字的只言片语，便能够慢慢对他人进行有效的了解，此时此刻，你便会不由自主地对他有所好奇，有种结识的渴望。每个人的生命都是有限的，而一个聪明的人总是会用自己有限的生命来阅读更多的书籍，目的很简单，就是想要通过书籍获得知识，随后充实自己的思想，最终用文字表述出来，得到别人的认可或者是帮助别人充实他们的思想，最终帮助别人改变命运。

世界除了物质财富外,更需要的是社会价值

社会中很多的人都在追逐财富,在他们的眼中财富似乎是十分重要的,他们想要占有社会上更多的财富,认为只有在获得金钱的时候才会感受到快乐,根本不去考虑自己的金钱是否来得妥当。很多人会将自己的眼界定位很低,认为只有获得了足够的财富才会幸福,才会开心。其实,除了那些物质财富之外,人类不可或缺的是获得社会价值。

一个人要拥有高尚的价值观,从小到大我们的父母也是在不断地教导我们,社会各界给我们的渲染也是要让我们有高尚的价值观。一个人的价值观有多重要呢?这个问题一直是社会研究者的研究重点。随着社会的不断发展,人与人之间的竞争也越来越激烈,人们开始对自己物质生活的要求越来越高,他们认为自己的生活条件应该比别人更好,于是便开始不停地追求物质财富,觉得只有占有了物质财富才能够得到更多的尊重,最终却忘记了自己存在的价值。

一个人在追求自己的财富的时候往往会忽视社会价值,也就是自己存在于这个社会的价值。我们可以这样来想象一下,如果一个人总是在追求物质,当他们获得物质享受之后会觉得无比的开心,但是他们的物质享受只能够让自己变得开心,根本不会给周围的人带来丝毫的开心和幸福,那么自己的开心渐渐地也就变得暗淡无光,这样一来也是无法实

现自己的成功的。所以说财富最大的快乐点只是存在于自己，根本不会和别人有关系。而一个真正成功的人却不是这样，他们会考虑到别人是否开心快乐，当他们想到别人的利益时，便能够站在他人的角度去思考问题，从而想到自己存在于社会的价值何在，如果一个人能够知道自己的价值观，那么最终也就能够成为一个关注他人的人，实现自己的梦想也就不再是那么的困难。

圣母院大学教育他们的学生，不要仅仅为了自己而活着，要为了别人的开心活着，这样你会发现自己也会很幸福，自己的价值也就会更大，自己获得的尊重也就会更多。在人的一生中，如果只是追求自己的快乐，那么你最终会发现自己的快乐丝毫没有意义，而只有在帮助别人实现快乐生活的时候，自己的价值也就会间接地展现出来。物质财富是占用不完的，不管你花费多少时间去追求，你也不可能会占有世界上所有的财富，而且，当一个人生命将要结束的时候，你的物质财富是你无法带走的。但是，你所存在于这个社会中的价值则不同，你可以用自己的生命来追求自己存活的价值，这样你在追求社会价值的过程中就能够感受到很快乐，享受这种快乐的同时，也能够得到他人的祝福和赞扬，这样即便是在你即将结束生命的时候，也会十分地满足。

我们不该将自己的生命局限在财富争夺战上，因为，生命除了追求财富以外还有这诸多深层次的意义，抛开诸多肤浅的追求，或许人生最需要做的事情，就是让自己的生命变得更加积极和充实。物质财富过多不但不会让自己变得积极，反而很可能会让自己失去了上进心。圣母院大学希望人们将自己的眼光定位得长远一些，将自己的形象设定得高大一些，让自己明白自己存在的价值是什么，从而不断地追逐社会价值，让他人认可自己存在的价值。

圣母院大学培养了很多著名的人物，他们也都很有作为，在这些著名的人物身上我们可以看到他们具有一个共同的特点，那就是他们能够通过自己的努力，在实现自己的个人价值的同时也实现自己的社会价值，这是多么伟大的事情。

"我是福特，不是林肯"，这句话是美国前总统福特在表示谦虚的时候说的，他是美国的第38届总统，他出生在1913年，他在圣母院大学学习过，深深地领悟到了圣母院大学的教学精神。毕业之后，他当过律师，在海军服过役。

1973年，他成为美国历史上第一个非选举产生的副总统，这似乎是一个十分特殊的例子。在第二年，美国政坛发生了著名的"水门事件"，这件事情过后尼克松总统下台，于是，他成为美国第一位非选举产生的总统。

或许你会觉得这是一件多么幸运的事情，但是不幸恰巧会伴随产生，那一年经济出现萧条、冷战严峻、水门事件等一系列的事件都严重地动摇了美国民众的信心。有人甚至想要把"美利坚合众国"改成了"美利坚分裂国"。

就在危急的时刻，福特的就职演讲为美国民众带来了巨大的安慰，他想要通过自己的力量来挽救当时的政局。福特是一个为了社会稳定而愿意承担的勇者，因为在当时的政局下，很少有领导人敢于面对那样的危急时刻，因此，他接受了现实中的挑战，并以坚定的信念和勇气来医治国家的创伤，这就是福特的社会价值。

现在很多人都有这样一种感觉，认为人们习惯了以自我为中心，从而便形成了"各人自扫门前雪，不管他人瓦上霜"的现象，似乎自己的事情跟别人无关，而别人的事情也和自己无关。只有当自己在追逐金钱的时候，才会觉得很多人对自己有利用价值，才会觉得人际关系是那么的重要，而这个时候的交往往往又带有一定的目的性和功利心。这种所谓的成功，根本没有考虑到自己存在的价值，以及自己的存在对别人有何帮助。

尽管每个人都希望自己能够过上富足的生活，但是在富足生活的背后人们希望自己能够得到更多的快乐，不管是做什么工作都希望自己能够幸福生活，但是千万不要认为只要自己拥有了过多的财富便能够幸福的生活。如果一个人的生命根本体现不出社会价值，那么他的生活会像是阴霾的天空一样，失去光芒和色彩，所以说不要将自己的生命局限在简单的物质生活上，还是想想自己存在的价值吧，这样你的生活会变得更有意义。

圣母院大学鼓励学生去努力拼搏，因为他们希望自己的学生能够很好地完成自己的工作，并且在自己的奋斗过程中能够感受到自己为社会做的贡献，而不是仅仅将目光定位在财富上。一个真正富有的人往往是在内心而不是在物质上，他们会用自己的物质帮助更多的人实现梦想，同时也会用自己的坚持帮助更多的人去认识到自己存在的价值。圣母院大学希望用自己雄厚的知识积淀来帮助更多的人认识到生命价值的重要性，以及生命中哪个部分才是最重要的。当一个人总是围绕着财富转的时候，他根本看不到除了财富之外的东西；而当一个人真正能够了解到自己存在的价值时，他才会明白自己怎么样才会过得更加快乐和幸福。

世界上有那么多的人生活在不幸中，但是他们依然会用自己的方式来表达自己的幸福。作为现实中的我们应该学习圣母院大学的精神，帮助那些在迷茫中的人获得心灵的目标，让更多的人摆脱被金钱奴役的命运，从而找到自己存在的真正意义。当然，不管现在的你从事的是什么

工作，或者你现在在做些什么，都不要忽视自己的力量，不要卑微地认为自己的工作根本不会对社会产生什么影响，不要认为即便自己再怎么努力也无法达到自己想要的成功，这种自卑的心理是万万不能有的，因为你的自卑不仅仅是对自我价值的一种藐视，在他人看来更是一种不负责的行为，如果你想要实现自己的个人价值，那么就应该敢于给自己找到一个合理的定位，展现出自己的社会价值，这样你的自我价值也就会自然而然地实现，这是一个必然的过程，丝毫不用质疑。

> **圣母院大学教育箴言：**
> 一个人在追求自己的财富的时候往往会忽视社会价值，也就是自己存在于这个社会的价值在哪里。如果一个人的生命根本体现不出社会价值，那么他的生活会像是阴霾的天空一样，失去光芒和色彩。因此，不要将自己的生命局限在简单的物质生活上，在追求物质富足的同时，还是让我们多想想自己存在的价值吧，这样你的生活会变得更有意义。事实上，世界需要现实财富仅仅只是其维系存在的一方面，时代的迈进需要每一个人在群体中体现最优秀的社会价值，只有当人们将自己的信仰从物质富足转移到精神富足，才能不断地推动各项事业的长足发展和稳步前进，而这恰恰是一种奉献精神，这种精神的核心重点就是从我们骨子里生来就有的那份博爱。

第三章
奋斗之心，只因深知肩负责任之重

焚毁文化垃圾，让更多的人捧起书本

人活着需要学习文化知识，不仅仅是因为文化本身具有一定的重要性，更多的是因为文化本身具有的内涵和价值。当一个人摆脱了文化的时候，他的内心会变得十分暗淡，甚至失去了人生前进的目标和方向。对于很多人来讲，自己的一生都是离不开文化的，但是我们不可否认的是，在当今社会中，文化垃圾也越来越多，人们对文化的定义也越来越没有了界定的方向。

什么是文化垃圾？其实文化垃圾指的是在现在这个纷繁复杂的社会中，通过文字或者是艺术形式等表现出来的根本没有价值的东西，即便有人去观赏，但是却无法从中汲取营养。我们的社会和生活需要文化，不仅因为文化是我们生活的调味剂，更重要的是因为文化本身带有一种促进人类自我完善和改进的力量，你可以通过对文化的学习和感受来促使自己的心灵变得更加明亮。

然而，在这个世界上，还有很多文化垃圾在诱惑人们，因为文化垃圾表面会镀有一层金，乍一看十分地明亮和闪耀，而内在却没有任何值得人们关注的价值。再加上一些人根本没有获得真正文化的条件，他们渴望文化的洗礼、渴望知识的降临，但是他们没有那个条件，唯一能做

的只是去梦想。当然，在网络的世界里，人们习惯了从网络上获得更多的知识，似乎网络上的东西才是最有价值的。其实不然，网络是一个比较复杂的事物，网络上充斥着很多的文化垃圾，只是你没有意识到而已，这些文化垃圾会吸引你的注意力，并且消耗你很多的时间，你根本找不到一个好的方法来让自己变得进步和有魅力。所以说，还是捧起书本吧，从书本上找到真正属于自己的知识，找到对自己的成长有利的文化。

当然，在我们的现实生活中，我们经常会听到有"娱乐垃圾"、"文学垃圾"这样的字眼，这些都被人们统称为文化垃圾，甚至还包括那些街头的文艺垃圾，它们似乎根本没有存在的价值，也会充斥着道德和伦理的斥责声。这些低俗文化从侧面可以反映出一个很深刻的问题，那就是一部分人的内心开始沦丧，他们失去了自己的信仰，精神萎缩，道德实体和内在价值被抛弃。或许他们觉得这些"文化"是值得被宣扬的，但是这些东西真的对人们的思想和社会的发展没有丝毫的促进作用，甚至还会扭曲人们的审美观念，而社会也会受到严重的冲击。我们不能纵容这些文化垃圾的横行，应该给予制止和消灭，这样做的关键是为了保持社会文化的纯净，让人们认识到文化的真正含义。

文化垃圾应该被焚烧干净，这是社会进步的关键一步，不仅仅是这些垃圾占有了人们更多的时间，更多的是这些垃圾还可能会影响到文化本身的发展。每个人都可能希望自己能够学到更多文化，让自己的视野变得更加开阔，让自己的内心变得更加有力量，但是却不知道怎么样来获得更多的进步。圣母院大学的师生希望真正的文化能够被传播，希望人们能够都用心来阅读有价值的书本，因为人的精力是有限的，人的生命也是有限的，人类需要真正的文化来滋养，更需要广

阔的发展空间。

圣母院大学鼓励人们去学习文化知识，从真正的文化中汲取营养，让自己的人生能够绽放出异样的光芒。但是因为社会是纷繁复杂的，社会上必然会有无数的文化垃圾在阻挠着人们前进。所以说我们还是按照自己的意愿行动吧，焚烧那些文化垃圾，找到真正能够诠释生命价值的书籍，让自己在书本中获得更为广阔的发展空间，从而拥有更为重要的人生道路。

邪教已经成为一个国际性的问题，也成为世界公害。据相关资料统计，截止到2008年，全世界的邪教组织约有1万多个，信徒的数量已超过一亿人；其中，就美国而言，就有1000余个邪教组织，美国也被称为"邪教王国"。而在同样是发达地区的西欧和南欧地区，亦有1317个狂热教派，英国邪教数量达到了604个，法国有173个邪教组织，西班牙全国现有200个"具有破坏性"的邪教组织，这是一个多么恐怖的数字。

就以美国邪教为例子：其中成立于1922年的和平教团运动，创立人是黑人迪瓦因。在短短的10年时间内，该教派发展到数万人，成为当时影响最大的黑人教派团体。此团体的发展范围不仅仅在美国，还在加拿大、英国、澳大利亚、瑞典、奥地利和德国等地拥有上百万信徒。到了20世纪40年代，他们在美国有60多个分会，其中在纽约州就有30多个分会。

另一个有影响力的邪教组织是成立于1973年的造物者世界教会，创立人为柯立森。柯立森原本是弗罗里达州议员，当时，他的教会成立后，不但吸引了社会上不少新纳粹分子也包括了仇视亚裔移民分子。该

组织在全世界共有44个分支机构，当时的规模也是十分大。

提到人民圣殿教，恐怕会有更多人知道，此教会成立于1955年，创立人是新教牧师琼斯，这个组织的总部原在旧金山。在1978年11月的时候，该教信徒在教主琼斯的胁迫和利诱下，在南美的圭亚那琼斯镇地区进行了集体自杀，最终造成了914人丧生，这一新闻震撼了整个世界。美国对于危害自身利益和本国安全的邪教进行有效的控制，并且制定了政策进行长期而坚决的打击。邪教活动可以说是一种恐怖的"文化垃圾"，更是一种危害民众和社会的组织，应该给予打击和控制。

文化似乎已经成为当今社会中不能缺少的组成部分，很多人希望自己的人生能够充满力量，有的人希望自己的人生能够变得更加精彩。在当今的社会中，我们会看到很多的人在追求着不同的东西，不管是通过什么方式，他们都在追逐着，似乎这些就是文化，这就是他们希望得到的文化。但是他们却忘了问自己，自己追求的这些所谓的文化有意义吗？也就是说，这样的文化对你本人甚至是对其他人有什么样的意义呢？

如果你所谓的文化对你的精神或者是生活起不到半点的作用，那么这还算是文化吗？再看看当今电视上的娱乐节目，看看那些炫目的舞台上演绎的那些剧目，你能够从中得到什么呢？如果你根本不知道自己看这样的电视节目有什么意义，哪怕是短暂的快乐也无法得到的话，那么你不如不要再花费时间在这些节目上，因为你的时间不是用来浪费的，你有更重要的事情去做，而你现在所观赏的节目也并非是具有文化意义的，这个时候你不妨拿起书本，观看那些自己可以观看到的东西。

第三章
奋斗之心，只因深知肩负责任之重

我们的生活离不开书本，而书本也只是文化的一种表达途径。圣母院大学的师生想要用他们的方式来让人们了解什么才是真正的文化，希望人们能够真正的从文化中汲取营养。圣母院大学的师生希望世界上所有的地方都能够充斥着文化的味道，让自己变得更加快乐。当然，圣母院大学的师生也在努力着，他们希望能够通过自己的努力让更多的人欣赏和感知到什么是真正的文化，让自己从文化中吸收到更多的营养。

那么今天的我们要怎么样来做呢？当然，我们不要只是关注那些文化的垃圾，千万不要期望能在那些毫无意义的东西中汲取营养，因为你根本找不到属于你自己的营养价值，也找不到你应该得到的东西。所以说我们应该学会阅读，从书本中找到对我们有帮助的知识，让自己真正体会到文化的价值和美，千万不要让自己沉浸在垃圾文化中无法自拔，也不要让自己在文化垃圾中生长。一个人的内心需要真正的文化来滋养，一个人的灵魂需要在知识的海洋中遨游。

> **圣母院大学教育箴言：**
>
> 我们的社会和生活需要文化，不仅因为文化是我们生活的调味剂，更重要的是因为文化本身带有一种促进人类自我完善和美好的力量，你可以通过对文化的学习和感受来促使自己的心灵变得更加的明亮。然而当下社会，我们却看到了到处悬浮在文字与影像中的文化垃圾，他们常常会在瞬间侵入我们的眼球，渗入我们的大脑，一时之间让我们难以排解，甚至还很可能在瞬间左右我们的情绪以及对待事物的正确认知。我们没有必要再去形容它的杀伤力，只需要反复地告诉自己：要想让

自己时刻保持头脑清醒，将事情看远看准，就一定要掌握辨明一切真伪的知识和经验。假如你对于当下的很多事情都有着无数的不确定，那么从现在开始重新找回阅读的习惯，到书本中寻找前人的智慧和答案吧。

第三章
奋斗之心,只因深知肩负责任之重

我们要为社会的服务者提供帮助

"一切为社会服务",我们经常会听到这样的口号。在生活中,我们经常会看到各种各样的服务者,他们总是花费自己的时间和精力来帮助别人,他们认为在帮助别人的时候才能够找到属于自己的价值和快乐。因此,我们不得不说这样的人是伟大的,也是值得我们尊重的。

在当今社会中,我们整天地忙碌着,不管是为了什么事情,我们总是忙碌个不停,似乎只有忙碌一些才能够体现出自己的价值,但是却不知道自己的忙碌是否有意义。而有些人总是在为别人服务,甚至为了他人的安全和幸福付出自己的生命,这是怎样的一种精神,而又有多少人敬佩这样的精神呢?

我们经常会看到关于战争的新闻报道,在战争中,死亡者多半是军人,因为他们将自己的职责定位为维护国家的和平,击败敌人,为了国家和人民的安全和稳定可以牺牲自己的生命,这种舍己为人的精神是我们一直都在倡导的,但是我们要明白,并不是所有的人都会拥有这样的胆量来工作,也并非所有的人都会实现自己的目标,而这些勇敢的大兵们却能够拥有这样伟大的精神。但是我们不得不承认的是,军人作为和人民国家的服务人员来讲,我们有必要为他们提供服务,虽然他们在前线的奋斗是为人民服务,但是他们也是需要被服务的,他们需要科学家、

军事家能够研究出更好的战斗武器,帮助他们实现战争的零伤亡,所有说我们应该为那些社会的服务者提供帮助,帮助他们去更好地为人民为社会服务。

圣母院大学告诉我们,社会中有很多生活在艰辛中的人们,他们的艰辛不是为了自己,而是为了帮助别人、服务别人,我们不得不夸赞他们伟大。当你走在大街上,你会看到很多穿着统一服装的清洁工,他们的服装一致,会让你第一眼就能辨认出来,不管刮风下雨,他们都会准时将大街打扫得干干净净,他们的艰辛或许只有自己知道,在他们的心中服务别人就是在帮助自己,但是作为现实中的我们应该帮助这些艰辛的为我们服务的人,帮助他们能够更好地工作,这也是在帮助我们能够更好地实现自己的愿望。

圣母院大学的师生想要通过自己的努力来帮助那些为社会服务付出艰辛劳动的人,他们希望能够用自己的知识创造出更多的物质和产品,让那些积极地为社会服务的人能够尽快享用这些产品,这样一来,他们最终便能够实现自己的成功,也就能够实现自己的快乐。每个人的生命都是不一样的,但是不管怎么样,那些为了我们的幸福付出自己精力的人,我们应该为他们感到自豪,更应该帮助他们实现自己的成功。

一位美国士兵这样说道:"出征时任务第一声明第二,最宝贵的财富是子孙后代的,他们寄托在你身上,为了减少危险,我们受训一年,一起奋斗,所以能够处理危机,但敌人总是有对策,最险恶的事情发生,那时候唯一能依靠的就是你的战车。"这些士兵为保卫国家的利益在不断地付出自己的艰辛和努力。

与美国坦克研究所工程发展中心合作,诺特丹大学教授雷诺想提高战斗工具的抵抗力。这样做的目的是为了能够帮助那些为国家服务的士

第三章 奋斗之心，只因深知肩负责任之重

兵，让他们在战争中能够少受到一些伤害，避免他们被武器伤到。

雷诺教授说道："现在战场上受到的主要伤害要么是来自轰炸，要么是撞击，关键是开发新材料，轻质又坚固。我们的责任是开发让士兵远离危险的新型材料，而不是一味地逃离。"

相信大家一定知道伊拉克战争，这场战争又称美伊战争，它是美国怀疑伊拉克拥有大规模杀伤性武器而发动的全面战争。当时，共有4个国家参与了这场作战，而"敌对国"只有伊拉克一国。最后美国也没有发现传说中的"大规模杀伤性武器"。在2010年8月3日，美国新一任总统贝拉克·奥巴马表示，在当年的8月底，美国部队在伊拉克的作战行动将如约结束。驻伊美军会在8月31日结束作战任务然后返回美国。美国从2003年3月20日入侵伊拉克到2010年8月撤出全部战斗部队，一共经历了7年零5个月。在这次战争中，在伊拉克战争中死亡的美军人数达到128人，其中有110人阵亡，18人死于事故。

参加过伊拉克战争的大兵这样说道："我去伊拉克服役两次，失去了许多朋友和战友，这并不容易。所以这件事对我意义重大，母校诺特丹致力于使我们安全。"

战争是多么残酷的场景，世界上没有人希望自己生活在战争中，但是在很多的角落中还是隐藏着战争的火焰，一旦战争四起，那些身穿军装的士兵就要身赴战场，他们唯一能做的就是带上自己的武器跟敌人战斗到底，如果你问他们为什么不惜自己的生命也要身陷战争，他们会毫不犹豫地回答道："这是做军人的使命。"他们所谓的使命就是为了更多人去实现和平，他们希望更多的人能够过上和平的生活，希望更多的人能够和平地实现自己的理想。

圣母院大学坚信自己的研究能够帮助那些为社会服务的人，他们也

在一直付出自己的努力,他们不希望那些为社会和平付出艰辛的人会增加,更是不希望自己的生活会变得枯燥无味。于是他们不断地创新自己的研究成果,希望自己的研究成果能够帮助那些人。他们鼓励自己的学员不断地顽强奋斗,而那些为社会服务的人正是在不断地奋斗着,他们不知道自己的奋斗能否变得成功,上天喜欢奋斗的孩子,所以说身为现实中的我们应该努力的奋斗,不仅仅为了自己,也为那些服务社会的人能够少一些艰辛,多一份快乐。

> 圣母院大学教育箴言:
>
> 每个人的生命都是不一样的,但是不管怎么样,那些为了我们的幸福付出自己精力的人,我们应该为他们感到自豪,更应该帮助他们实现自己的成功。上天喜欢奋斗的孩子,所以说身为现实中的我们应该努力的奋斗,不仅仅为了自己,也为那些服务社会的人能够少一些艰辛,多一份快乐。假如能用你当下的奋斗换回他们一生的平安,假如我们能用自己的付出去向他们为我们所做的一切致敬,那么一定会有更多的人因为得到这种认同和支持在自己的岗位上积极进取,忠于职守。

第三章
奋斗之心，只因深知肩负责任之重

去帮助更多的人，找到他们最需要的东西

你不是孤立的一棵松树，所以你没有必要让自己冷漠地对待别人，如果你总是将别人拒之门外，不肯伸出你的援手，那么最终的结果只会是将自己推入悬崖。在你为别人插柳的时候，会发现自己的身边其实已经种满了柳树。人们不应该吝啬自己的援助之手，大胆地去帮助别人吧。

或许你会经常问自己"我想要得到的是什么"，但是很少有人会这样问自己："他想要得到的东西是什么？"这并不是一个奇怪的问题，千万不要觉得这个问题莫名其妙。因为在你的生活中，你有资格去为自己争取想要得到的东西，这是你的权利，但是当你的权利得到满足的时候，你不妨看看你的周围，认真地去观察一下，你身边的人。他们获得需求的权利是否得到了满足。或许你会说这不是你的义务，但是你是社会中的人，你有义务去帮助别人，因为只有帮助了别人，你才能够感受到生活的快乐，而你在需要别人帮助的时候，别人也才会帮助你。

在这个世界上，有很多地方充斥着竞争的硝烟，人们会觉得自己的生活需要很多的东西，不管是物质方面还是精神方面，每个人都会觉得自己得到的太少，人们似乎永远有要不完的东西，或许人们习惯了以自我为中心，总是希望自己能够在这个世界上占有很多。如果人们的心胸

能够更加开阔一些,那么你会发现自己已经拥有了很多,而站在你周围的人,才是需要更多东西的人。他们得了病可能没有钱去医治,他们能够享用的资源或许仅仅是那么一点,但是他们依然很积极地生活。圣母院大学希望人们都能够看到自身存在的价值,认真地去帮助别人,找到别人最需要的东西。或许有的人所需要的东西凭借自己的能力很难得到,而你却能够瞬间就帮助对方得到,那么你何不做个顺水人情,帮助对方得到他们需要的东西呢?在上天的眼睛里,每个人都是他的孩子,他希望每个孩子都能够过得开心,所以说你可以相信上天,然后伸出自己的双手,帮助那些不开心的人,让他们变得开心起来,满足他们合理的需求,这样你也能够获得快乐,此时此刻,开心幸福就是上天对你好善之举的奖赏。

圣母院大学的师生希望通过自己的努力帮助那些生活在贫穷和战乱中的人们,希望能够帮助他们占有一些生活必备的资源。圣母院大学的师生会想尽办法用自己的力量来为那些生活在社会边缘的人找到他们想要的资源,为他们提供想要得到的东西,这样他们会觉得很开心,会有一种前所未有的成就感。因为,他们相信人人都是平等的,生活在世界边缘的人们也有权利享受上天赐予人类的一切资源。

圣母院大学研究发现,对每个孩子来讲,他们的脑海中都有记忆的图像,比如说每年都能去墨西哥拜访亲戚。但是对于一位圣母院大学的学生来讲,这种回忆并不是一件开心的事情,因为在那个险恶的生存环境中,他看到了墨西哥人们生活的艰难。在那个时候,他就想要帮助墨西哥的人。

一位圣母院大学的学生说道:"如果你是墨西哥的普通工人,轮半

第 三 章
奋斗之心，只因深知肩负责任之重

天班每小时有两美元。人们住在硬纸板做的房子里，远在正常生活线之下。所以说我们必须要找到墨西哥人需要得到的东西，然后去帮助他们，让他们能够平等地享受到资源。"

巴布罗是一名商人，他通过赢得比赛，用收取的资源开了新公司，巴布罗为墨西哥工人提供了更好的生活条件，通过低价房屋每年都有400万容器被浪费。巴布罗说道："我们需要再利用这些容器，用它们建筑房屋，这些容器科研向人们提供避难所获得水电，当然那不仅仅是容器，更是墨西哥工人的家。"

一名商人说道："那些制药商品被转移了，这就给了我们机会，取用那些容器创造安全的社区，墨西哥工人们可以在那里居住，诺特丹让我们认识到，一个成功的商人也能改变世界。"商人通过圣母院大学的帮助，找到了在墨西哥发展经济的机会，并且找到了帮助那里贫穷的人们获得更好的生活的方法。这不只对商人们是件好事，也为贫穷的人们带去了福音。

生活在贫苦地区的人们，他们根本享受不到应该得到的权利和资源，而他们只能够压缩自己的生活质量和条件，他们根本没有那么多的欲望和占有欲，只是希望自己的生活能够好过一点点，不要让自己的孩子再过着贫苦的生活而已。而作为一个占有很多社会资源的人来讲，如果不能够用自己占有的社会资源去帮助那些贫苦的人们，那么那些资源被搁置只是一种浪费，连上苍也不会希望你这样做。

圣母院大学鼓励人们去奋斗，创造出更多美好的事物，其实这并不是一件难事，有的时候只要你去帮助一下你周围的人们，你就会发现美好就在自己的身边。而一个真正充满魅力的人，就是一个乐于去帮助他

人的人，将他人的不开心放在心上，用心为别人的需求寻找解决问题的办法和手段，从而帮助别人获得人们需要得到的东西，转变他们不开心的心情，这样一来自己也会变得开心起来。

俗话说得好，帮助别人也就是在帮助自己。如果你想要帮助自己，当自己陷入困境与泥泞时，能够有更多的人来帮助你，那么你就不应该吝啬自己的双手，要主动地去帮助别人。或许你所帮助的人和你没有任何的血缘关系，甚至是陌生人，但是只要你张开天使的翅膀去帮助对方，那么你会获得对方天使般的笑容，那个时候你所拥有的恐怕不仅仅是美妙的感激，而是对方真诚的感恩。

圣母院大学的师生都知道一个道理，那就是自己得到了上天的恩赐，能够接受到这么好的教育，获得如此多的知识，享受到如此丰厚的社会资源。而他们在享受这些资源的同时，却没有忘记那些生活在苦难中的人们。圣母院大学的师生也在一起努力，他们希望通过自己的努力去帮助更多的人，帮别人找到他们需要的东西，不管是和平还是资源，不管是公平还是正义，不管是医药还是健康，只要是那些人需要，圣母院大学的师生就会付出自己的努力，为他们创造更好的未来，这是他们的使命，也是他们学习和教学的宗旨所在。

> 圣母院大学教育箴言：
>
> 在上天的眼里，每个人都是他的孩子，他希望每个孩子都能够过得开心，所以说你可以相信上天，然后伸出自己的双手，帮助那些不开心的人，让他们变得开心起来，满足他们合理的需求，这样你也能够获得快乐。此时此刻，开心幸福就是上天对你好善之举的奖赏。

第四章

正义之举，总要有人为之摇旗呐喊

这个世界上有很多人都宣称自己的所作所为是为了正义，然而究竟有多少人是真正秉持着一颗公私分明的心呢？尽管人类社会存在着诸多的不公平，人生来所要面对的事情也各不相同，但在上帝的眼中，每一个灵魂都是那么的珍贵，每一个人对于他而言都是平等的。在圣母院大学看来，一颗高尚的灵魂存在于世必然不会仅仅局限和满足于自己的人生，而是会将眼光关注在更多需要帮助的人身上。假如人类社会终究会有一些人要面临崎岖的山路，那么就让我们依靠自己的能力让他们的未来更平坦一些。这个世界已经承载不了更多的冷漠，假如迫害与得意并存，对于那些不人道的事情我们绝对不能袖手旁观，因为它很可能会泛滥，或许有一天会直接危及到自己的亲人。尽管人间不平是正常，但总要有人出来为光复正义而摇旗呐喊，因为这是社会的需要，也是我们生存的意义所在。

第四章
正义之举,总要有人为之摇旗呐喊

让正义的光环普照大地

这个世界需要有正义者守卫,造物主既然赋予人管理世界的权利,就必然要让他们知晓世间正义的分量。然而当下的世界并不是百分之百安定的,很多人打着正义的旗号肆意做着反人道的邪恶勾当,很多无辜的生命常常因此而大受其苦。在这个时候,必须有人愿意站出来,秉持公正的心去抑制邪恶,让正义的光环永远普照大地。

或许在我们很小的时候就听说过这样一句话:"这个世界需要正义的呼声。"然而我们似乎很难意识到,"正义"这个词对于这个世界究竟有多么重要。事实上,正义象征着一种对于公平社会的追求,那是一种至高的仁爱。不单单只为自己,而是为了更多人能够过上更幸福的生活。在造物主将人带到世间的那天起,就赋予了他们执行正义之举的能力。或许是因为他也知道这个世界有着诸多不确定性,为了维系整个大环境的和平,他必须要炼选出一些优秀的勇士,并赐予他们智慧和胆识,希望他们可以通过自己的努力将正义的光环不断地延续下去,并将一种

叫做"公平"的准则作为律法带入人间。

那么,世界为什么需要正义呢?尽管当下的时局相对是和平的,但事实上在我们没有注意到很多角落仍然埋藏着诸多恐怖的阴影。他们正在用凶恶的双眼虎视眈眈这个世界,时不时要冒出来制造一些混乱,而事实上这种混乱很可能会在我们没有任何预计的时候来到我们身边,为很多无辜的民众带来相当悲惨的命运。

2007年4月16日,在美国弗吉尼亚理工大学发生了一起美国历史上最为严重的枪击暴力事件。在上午7时15分,持枪凶手先在一幢宿舍楼里开枪,先后打死2人,打伤多人。而在之后大约2小时左右,距宿舍楼约800米远的一幢教学楼内又再次响起了枪声,凶手在打死30人、打伤10多人后开枪自杀。

经过警方核实,制造这起枪击惨案的是年仅23岁的韩国籍男子赵承熙,他是弗吉尼亚理工大学英语系四年级的学生。他在作案当天曾经寄给美国全国广播公司(NBC)的一个包裹,成为调查其行凶动机的重要线索和证据。邮戳上的时间显示,这一包裹是赵承熙在宿舍楼内杀死2人后寄出的,里面包括整个过程的录像带和照片,录像中充斥着仇视"富人"和扬言报复的话语,而照片则是赵承熙持刀端枪的暴力形象。

一场枪击案件,一个人的宣泄直接导致了数条人命不得生还,这真的是一场灾难。试想下当初那些遇难的学生不过只有20多岁,而他们很多人与凶手并没有明显的利害关系,仅仅因为一个人一时的感情宣泄,数条年轻的生命就这样随之消失。这让我们不得不感叹罪犯的残暴,也让我们深深地意识到这个时代并不宁静,即便是在像大学这样纯净的校园环境里,也仍然避免不了邪恶的恐怖暴力。

以美国为例,目前美国的年轻一代自我意识是非常强烈的,漠视他

第四章

正义之举，总要有人为之摇旗呐喊

人的存在性与合理性，一切都是以自我判断为依据的，而诸如上述的枪击案，应该可以理解为是一种自我的极端表现。因为一时想不开，而最终采取了极端的暴力手段，而这种手段恰恰导致了整个社会的不安定和无数无辜生命的丧生。在圣母院大学看来，不管是行凶者还是受害者，他们的命运是同样悲惨的。作为新时代的年轻人，因为没有把持好心中正义的尺度而最终造成了这样惨痛的结果。而这种伤痛和罪恶还在不断地肆意蔓延，并将这种恐惧埋藏在了很多人的心里。

事实上，这种恐惧只不过是当下时代的冰山一角。有些人因为国家受到强制性经济制裁而必须一生忍受贫穷，有些因为一次突如其起来的战争，瞬间沦为了家破人亡的阶下囚，还有的人亲眼看见自己的家人早上还给了自己一个亲密的拥抱而走出家门后再也没有回来。事实上，一切痛苦来得是这样突然，人们随时可能会面对各种各样人为性的灾难，而这个时候，正义就显得尤为重要。

圣母院大学认为维系世界和平这件事是非常重要的。人的生命是如此珍贵，不能因为某个人或者某一群人的不良举动而导致更多无辜的人痛失亲人甚至濒临死亡。上天造人是为了能够让他们在这个世界上幸福地生活，而不是为了让他们厮杀。假如这个世界真的有邪恶存在，那么我们必须通过律法或者其它有效的应对策略来抑制和打击这些不正义的行为和举动。本着维系世界和平和道德标准的人生理解，圣母院大学的师生正在从各自的领域入手并不断钻研，不断探索，希望能够通过他们的努力，对树立全民正义思想，有效打击犯罪，抑制犯罪心理等诸多方面进行着诸多探索。

当面对诸如校园枪击案这样的事实时，同样作为一所美国大学，圣母院大学对死难者的离世感到万分悲痛，仅仅不到几个小时，那么多年

轻的生命就这样离开了这个世界，而这一切又是多么的残忍。有些学生坦言，假如可以通过自己的努力能够让这残忍的一幕不再重演，他们宁愿倾尽自己一生的心血。因为一个人的离去并不代表一个年轻生命的陨落，事实上也代表着一个家庭失去了一个至亲的孩子，同龄人失去了自己从小的玩伴，或是一个非常要好的哥哥或姐姐，而这些伤痛根本是无法用任何金钱来衡量的。因此，不管怎样，即便世界现实非常残酷，也要有人拼劲全力让正义的光环普照大地，因为只有这种光才能唤醒人们对于心性良知的觉醒，只有这种光才能照亮人们心中的希望，只有这种光才是来自造物主对人类最真挚的情感。因此，不管前方有多少困难，我们都要执著地为之奋斗。圣母院大学的师生，始终在坚持着这种对于正义的信仰，同时也希望更多人加入他们维系正义公平的团队中来，成为理想的参与者，为同一个目标而不断坚持下去。

> **圣母院大学教育箴言：**
>
> 人的生命是如此珍贵，不能因为某个人或者某一群人的不良举动而导致更多无辜的人痛失亲人甚至濒临死亡。上天造人是为了能够让他们在这个世界上幸福地生活，而不是为了让他们厮杀。假如这个世界真的有邪恶存在，那么我们必须通过律法或者其它有效的应对策略来抑制和打击这些不正义的行为和举动。因此，不管怎样，即便世界现实非常残酷，也要有人拼劲全力让正义的光环普照大地，因为只有这种光才能唤醒人们对于心性良知的觉醒，只有这种光才能照亮人们心中的希望，只有这种光才是来自造物主对人类最真挚的情感。

第四章

正义之举,总要有人为之摇旗呐喊

不管颠覆什么,都要维护正义的位置

时代在不断地进步,我们几乎每天都要颠覆一些从前的认识,那些曾经认为不可能的事情经过不断的科技实践一个一个变成了可能。然而,不管时代怎样演变,我们的意识和思想如何颠覆,对于正义的理解都是不容践踏的,因为那是我们灵魂深处最为重要的事情,是我们坚决不容退缩的道德标准。

当我们从幼年走向成年,在经过长时间的对于世界的认识以后,我们开始慢慢形成一种自信,认为自己已经了解和明白自己来到这个世界的意义,也有能力有效地分辨出哪些是真理哪些是谬误。但现在假如有人问你这样一个问题,你真的能够百分之百的确认自己了解这个世界,且确实能够辨明其中的真理么?事实上,这个世界每天都在变,时代在变,科学技术在变,人们的文化意识也在变。过去很多人都难以接受的东西,如今有很多已经成为超前事物成为很多年轻人大胆效法的时尚生活元素。从这一点上来说,谁能说自己百分之百正确,或百分之百不正确呢?

的确,随着时代的推进,很多新兴思想都在不断地颠覆着我们的观念,让我们在审美和意识的对错中深陷两难境地。但不管这个时代怎样颠覆,至少有一点是值得肯定的,那就是不管颠覆什么,我们都要维护

正义的位置。正义就像一座屹立不倒的高山，震慑在我们每个人的内心深处，不管这个时代究竟会怎样颠覆我们的视觉，听觉，以及各种感官，但对于正义来说，从这个之始，到这个世界的陌路，都应该始终陪伴在人类的脑海和意识当中去。

在圣母院大学看来，正义之光是容不得半点践踏的。因为它包含着人类生存的最后一点点希望。它就好比是这个世界的元气，不断地给人类前进的斗志。它是衡量世间一切对错的标准，只有将其奉为造物主恩赐的天条，才能保证世界的公平与和平。事实上，在这个世界的一些角落仍然存在着很多因为得不到平等待遇而渴望救赎的人。假如没有人帮助他们争取正义，伸张正义，那么很可能在不久的将来，这些不正义的举动会肆意泛滥，其影响力度甚至可以横跨世界的各个角落。因此，作为一个世界的公民，假如我们能够通过自己丰厚的知识储备，像个勇士一般成为维护正义的屏障，帮助他们找回阔别已久的尊严，从此以后可以和家人一起安居乐业地生活，再也没有人敢跨越律法去扰乱他们的平静，相信这个世界会因为这项举动而完成更多人渴望和平自由的梦想。

1995年8月6日巴拉圭的战士带走了马塞尔家刚满15岁的儿子，在经历了2个月战火以后，军方便将孩子的尸体带回了家。看到昔日活泼可爱的孩子在阔别两个月后就离自己而去，全家人都陷入了巨大的悲痛之中。他们在想，为什么自己的孩子这么小就要被迫上战场？那种残酷的战火硝烟一个稚嫩的孩子怎么经受得起？他从来没有接受过任何军事训练，也没有任何实战经验，简直就像是去送死一般。

作为美国人权委员会主席，诺特丹法学院教授巴布罗在保护美洲儿童权利方面做出了重要贡献。面对上述问题他说："巴拉圭长期强行招儿童兵，要做出改变需要理解困难所在，并且与愿意做出改变的政府官员合作。"2006年在巴布罗教授的外交努力下，巴拉圭政府承认侵害

第四章
正义之举，总要有人为之摇旗呐喊

人权，并颁布法规禁止招收童工以及让未成年者服军役。巴拉圭上下听到这个消息以后都觉得大快人心。对这件事情圣母院大学想向学生说明的是，法律不仅仅是在执行权利，事实上它有更大的意义：那就是行善并维护尊严。

孩子是如此的弱小，把他们过早地推向战场，即便他们能活下来也会因为过早地接触战争的残酷，而在他们的内心深处形成一种自我扭曲。事实上，孩子是需要保护的。假如一个国家，没有对他的公民进行有效的保护，反而要求其中有待成长的孩子去做一些根本无法完成的事情，就相当于剥夺了他们本应该享有的那些生活权利。事实上，每个人活着都是要以尊严作为依托的。当时代已经进行到了这样的一个地步，人权尊严意识越来越受到大家的关注。因为人生来是平等的，每个人在不同的年龄阶段，所应当承担的权利和义务也是有所不同的。在一个孩子没有走向成年的时候，他们首先要做的就是回到学校，不断地汲取知识，而并不是和成年人一样跑到工厂军队去充当童工。圣母院关心孩子的人格尊严，同时也秉持着正义去帮助那些需要帮助的人，为他们争得属于自己的权利和尊严。

在圣母院大学看来，起初即便动用童工在当地人看来是一种名正言顺的事情，但即便是要把这所谓的名正言顺颠覆掉，也要摆正正义在人们心中的位置。如今圣母院大学的师生在不断地进行进一步的正义解救计划，希望让更多人看到正义的力量，同时因为他们的举动，在人们的心中重新树立关于正义的正确意识，并怀着同样正义之心去帮助更多需要帮助的人，让他们从此找回尊严，在这个孕育他们的国土上不断地努力奋斗，让更多的人通过自己为他们赢得的尊严而得到永远的安居乐业。

圣母院大学教育箴言：

随着时代的推进，很多新兴思想都在不断地颠覆着我们的观念，让我们在审美和意识的对错中深陷两难境地。但不管这个时代怎样颠覆，至少有一点是值得肯定的，那就是不论颠覆什么，我们都要维护正义的位置。作为一个世界的公民，假如我们能够通过自己丰厚的知识储备，像个勇士一般成为他们维护正义的屏障，帮助他们找回阔别已久的尊严，让他们从此以后可以和家人一起安居乐业的生活，再也没有人敢跨越律法去扰乱他们的平静，相信这个世界会因为这项举动而完成更多人渴望和平自由的梦想。

第四章

正义之举，总要有人为之摇旗呐喊

法律不仅可以执行权力，还可以维护尊严

生活在当下的我们，似乎每一天都在见证着律法的不断完善。对于律法而言，那似乎象征着一种人与人乃至国与国之间不可逾越的标准。的确，健全的法制在当今社会是如此重要，它是维护一国和平安定，保证世界稳步前进的可靠保证，它的存在不仅仅局限于执行权力，同时也意味着有效地维护人权和国家的尊严。

每当问及法律是什么这个问题，很多人或许都会有很多不同的解释。有的人说法律是公民的行为准则，有人认为法律是用来处理纠纷和惩罚犯罪有力武器，还有人说法律不过是当权者用来维护政权稳定的有效方法。这些想法看起来都很正确，但其间却忽略了一个非常重要的问题，那就是法律不仅仅象征着一种执行权力，还象征着一种至高无上的尊严。

这个世界上没有一个地方不需要尊严。对于一个人来讲，尊严象征着一种信仰，象征着我们活在这个世界上不容别人肆意践踏的骨气。我们难以想象一个人没有了尊严，像行尸走肉一样让别人肆意欺凌践踏，不管是谁，只要是想侮辱折磨你一下，你就必须无条件接受，假如他们想拿你的生命做一场游戏或赌局，那么你没有任何理由拒绝的话，那么即便活着，与死了有什么区别呢？

我们不可否认，由于个人的机遇不同，面对的问题不同，不管是从

智商上,还是体格上,或者是从某一领域的悟性上,彼此存在差异。世间万物都是相对的,有强者自然也就会有弱者。假如这种并非百分之百的公平真的是造物主的有意安排,那么他的想法无非就是能够让人与人之间产生一种博爱的情感。强者永远要去承担保护弱者的义务,而并不是要借机会去肆意地毁灭他践踏他。事实上,这个世界上没有任何一个男人或女人是百分之百完美的。今天我们看到他在某方面展现出了超凡的才能,但与其相对应的必然是他在某一些事情上的薄弱。这恰恰就是上天的智慧所在,他不会让任何人过分强大和完美,而是希望他身边的人在借助别人的强大成功的同时,也可以依仗自己的强大帮助别人弥补不足。只有这样,人与人之间的关系才能越来越密切,越来越友好,越来越和谐。

然而,上天的这种美好的愿望,似乎每天都在被某种邪恶的力量所打乱,很多人并没有意识到这一点,相反他们渴望对某一领域的权势或能力享有独霸地位,随着欲望的增长,他的心里再也容不下任何人,只要看到谁的发展对自己产生了威胁,他们的第一想法就是一定要想办法干掉他。而当他将自认为的一切都已经料理妥当,自己从此以后不会再存在任何对手的时候,却发现自己的人生是如此的孤独。回想自己曾经的所作所为,有些人甚至会倒出一身冷汗,当初自己的手上究竟沾了那么多无辜人的血与泪,假如有一天自己真的永远不再醒来,眼睛究竟敢不敢闭上呢?

时下,很多人都在宣扬和平,宣扬民主,宣扬正义,而这一系列的想法,只有在律法和民众达成一致时才能最终得到有效的落实。曾经有一个法官这样说:"法律的神圣在于它的严谨,在于它不会放过一个坏人,也不会冤枉一个好人。一切都用条例书写得清清楚楚,只要所有人

第四章
正义之举,总要有人为之摇旗呐喊

用心去遵守,人们就会安居乐业,社会政局就会和谐安定。"长久以来,圣母院大学的师生始终在为维护法律正义,为维护国家及公民的权利和尊严而努力奋斗。在他们看来,世界上的任何一件事情都需要依照法律的规定有条不紊地实行,假如出现任何问题,每个人都有权利依靠法律规定为自己赢得应得的权利与尊严。对于那些不人道,或是相当残酷的犯罪,国家乃至世界,都会依据彼此达成共识的律法予以严厉打击,只有这样全人类才能过上有尊严的生活。作为一个正在进修法律专业的人来说,假如我们可以通过努力,有效地维系更多人的尊严和人格,可以帮助他们成就一个完美的人生,维护整个社会的稳定,那对于自己长期的刻苦学习来说,无异于是生命中一份最有意义的回报。事实上,法律不仅仅可以成就一个很好的权力执行者,还可以成就一位维护国家民众尊严的战士。

2011年9月11日,是一个美国人永远都不会忘记的日子。当时指针拨到了早晨的8点40分,一场突如其来的恐怖袭击击碎了美国无数原本安乐祥和家庭的幸福。由于是早上,很多人都已经进入了上班状态,他们有些人早起叫孩子起床,跟家人共进早餐,甚至临走前还跟妻子亲密友好地拥抱亲吻,但谁也没有想到,看上去如此正常的一天却最终成为了他们彼此的永别。

据统计,在"9·11"事件中总共有2998人遇难,其中有2974人被官方证实已经死亡,而又另外24人至今下落不明,猜测尸体已经难以找到。整个遇难人员名单中包括:四架飞机上的全部乘客共246人,世贸中心2603人,五角大楼125人。另外还有411名救援人员在此事件中因公殉职,其惨状及伤痛难以用语言表达。

当圣母院大学教授吉米看到整个"9·11"新闻的报道后,悲痛之

余他结合自己的专业进行了不断的反思,希望能够通过一些法律途径,有效地抑制这种悲剧的再次发生。吉米教授说:"我是在早晨的财政部办公室听到飞机袭击五角大楼的消息的。当时我很震惊,随之感到这种爆炸所带来的伤害实在是太残酷了。'9·11'事件一出,增强了大家不惜一切代价反恐的决心,现在我们攻击了恐怖组织的基金支持,他们需要钱,而我们的任务是追踪这些恐怖分子的资金来源,从而快速地冻结与基地组织有关的财产。"

吉米教授是前任财政部副部长,在这方面可以说是公认的专家,作为一名有经验的政策制定者和执行者,他开始在圣母院大学致力于培养新一代的律师。律师这个行业对于社会而言是相当重要的角色,因此一定要全方位地予以引导和培育。圣母院的一位教授说:"我们当下对学员的培养,不仅仅局限于让他们看重金钱和名利,相反,我们更希望他们能成为有社会责任感的律师。"如今他们正在为这个愿望而努力奋斗,在他们看来,假如通过自己的努力能够培养出一批维护正义的法律精英,那就实现了自己奉献社会的美好愿望。

这个世界上需要正义者为整个时代的稳定保驾护航,面对邪恶势力的中伤,维护正义尊严的方式不一定需要我们所有人都真刀真枪的用武力的方式去与之对抗,但至少我们可以根据自己不同的职业、不同的专业知识,用自己的方式去帮助自己的国家,帮助自己身边的人有效地抵制罪恶,找回我们共同的人权和尊严。这个世界上不是所有东西都可以用金钱买来的,对于那些将钱用在制造邪恶的犯罪分子,我们并不是没有能力从根源上断了他们的财路。事实上,到了关键的时候,国家之所以需要民众的团结,原因无非只有一点,那就是在最快的时间,用最有效的方法,让不同职业的有识之士有机配合起来,强强联手,一起抵制

第四章
正义之举，总要有人为之摇旗呐喊

罪恶的蔓延。

事实上，每个人在这个社会上都是各司其职的，不管是一个小部门，还是一个国家。对于侵犯国家尊严这件事情，国家既需要精兵强将保家卫国抵制侵略，也需要良好的外交人才，与他国保持有效的沟通以建立打击罪恶的统一战线，同时还需要精通财政者的合理运作，既要将损失降到最低，还要最大限度地拿出维系军队开支的大笔经费，同时快速冻结犯罪分子的可用财源，以此来支持本国军队的有利还击，从资金粮草上不给对方太多的还手机会。而作为一名法律工作者来说，上述的一切都必然需要他们的鼎力配合，每一件事情的处理都必然要做到有理有据，而律法则恰恰说明了这个理字。每一个行动，每一个决策，都逃不开法律的依据和支持，假如这时候我们的法律并不完备，也没有相关的法律人才，那么整个行动就不会那么有条不紊，甚至结果比我们想象的还要糟糕得多。

如今圣母院大学在不断地为培养优秀的法律人才而努力奋斗，作为一个有宗教信仰的大学，他们始终将道德培养看成是引导学员努力学习的第一要务，因为这个世界充满诱惑。假如我们想永远把遵守公平，秉持正义，首先就要拿出可以将其坚持到底的资本。尽管很多事情，回报是丰厚的，只要一个小小的手段就完全可以让自己的一生过上衣食无忧的富足生活，但作为一个将律法视为自己人生细则的人，也绝对要保守住自己对是非善恶的正确判断。假如因为自己的一份小小的贪欲，而要让不知道多少人家破人亡，从此为失去至亲至爱对你产生仇恨，那么即便是得到了这一切，心中也是难以获得安稳的。这个世界，每个人都应该有一种信仰，而这种信仰将始终支持着自己不断地为别人谋福，不断地依仗自己所有的一切去保护自己可以保护的人。如今，圣母院大学的

学员正在为这种信仰而努力奋斗,他们希望在自己迈出校园的那一刻,能够以勇士和正义的形象出现在大家面前,用自己的智慧和行动告诉更多的人:"法律不仅是权力的执行者,他还可以帮助更多人维护尊严。"

> 圣母院大学教育箴言:
>
> 这个世界上没有一个地方不需要尊严,对于一个人来讲,尊严象征着一种信仰,象征着我们活在这个世界上不容得别人肆意践踏的骨气。假如我们可以通过努力,有效地维系更多人的尊严和人格,可以帮助他们成就一个完美的人生,维护整个社会的政权稳定,那对于自己长期的刻苦学习来说,无异于是生命中一份最有意义的回报。事实上,法律不仅仅可以成为一个很好的权力执行者,还可以成为一位维护国家民众尊严的战士。

第四章
正义之举,总要有人为之摇旗呐喊

为那些无辜的生命而战

我们真的难以估算这个世界上有多少无辜的生命正在饱受黑暗的凄苦和创伤。尽管当下世界民主的呼声越来越强烈,可总归还是会有一些地方民众长时间在战争的硝烟中彷徨失措,享受不到和平的光辉。因此,在一个信仰民主和平的世界,我们有义务承担起他们对民主的渴望,帮助他们维护人权尊严,不断为那些无辜的生命而战。

我们真的不晓得在这个世界上,每分每秒有多少无辜的生命被残害和重伤,他们很多人不明不白地悄然离世,没有人在意他们的死活,唯有他们的亲人在面对他们的尸体时才会抑制不住心中的伤痛,痛不欲生。假如当下你生活在一个相对和谐的社会里,或许你真的难以想象就在当下有多少人还难以生活在这个世界上,他们随时可能面临死亡、屠杀、疾病、奴役。或许对于一些孩子而言,一个小小的纸团就可以让他们玩儿得不亦乐乎,兴奋不已。他们根本就不知道自己还能活多久,就更谈不上接受教育、长大成人后的职业规划、找个漂亮姑娘成就美满的爱情。事实上,他们根本什么都不敢想,每天神经中充斥着无数的恐惧和不确定,他们的眼中饱含着创伤和迷茫。每当看到身边的亲人被残害致死,他们的内心就会在绝望中挣扎,不知道下一个被折磨致死的会不会就是自己。

事实上，这样的生命最脆弱、最无辜，最需要别人帮助和呵护。当他们来到这个世界上的时候，根本就不知道自己为什么来，究竟犯了什么样的错遭受这样的惩罚。他甚至还没有来得及好好审视一下造物主为全人类创造的瑰丽花园，就开始将自己深陷战乱和恐怖当中。我们可以试想一下，假如一个孩子，在自己还没有看清世界的时候，就看到自己身边的人被莫名地折磨、鞭打、残害，甚至死亡，那么对于他那幼小心灵来说，究竟意味着什么呢？或许有人会觉得，世界现在已经太平了，真的会有这种事情发生么？事实上，在当下这个相对稳定的政局中，依然充斥着诸多隐形的恐怖，或者在很多我们没有注意到的角落，正有不在少数的孩子正在抱着自己死去母亲的尸体而无助地哭泣。的确，他们是如此脆弱，或许他们根本没有能力去改变当下的现状，更没有什么办法可以让母亲重新站起来，除此之外，他们根本就不知道死亡距离自己还有多远。

对于这些脆弱的灵魂，作为一个具有宗教信仰的世界名校，圣母院大学对他们给予了高度的重视。他们维系世界道义的心告诉他们，即便是自己暂时没有能力完全去改变他们的现状，也要尽可能地缓解他们的伤痛。而这种为他们不断争取的斗争必然会随着越来越多人的参与而最终得到圆满的解决。在他们看来，不管人生在哪里，都是上天的孩子，上天对于自己的每一个孩子都是倍加珍惜爱护的。生命是这个世界上最为宝贵的东西，作为父亲，上天希望每一个孩子都能够在这个世界上生活得幸福快乐。他之所以会这么倾力打造这个世界，将一切最美好的元素都构建在这个太阳系中最美的蓝色星球上，说明他对于人类倾注了爱心与关怀。人与人之间的级别是人类自己划分的，而不是上天划分的。假如因为这种级别的划分而注定要用凶残和折磨的方式去灭绝无数无辜

第四章
正义之举，总要有人为之摇旗呐喊

的生命，那么也就意味着这些罪恶的实施者已经偏离了上天对于人类美好的期待。假如这时候没有人敢于站出来，为这些无辜的生命伸张正义，用自己的强大去抵制邪恶，依靠自己的努力去维系世界原初的良善与公平，那么这个世界必然会陷入一片混乱，人与人之间除了冷漠还是冷漠。

蒙特斯是圣母院大学的一名学生，对于世界最为血腥和残暴的一面，他感慨良多。他时不时沉默又时不时哀叹，面对当下民主的呼声他感慨地说："我7岁的时候来到智利，独裁改变了我的生活，那是一个无比黑暗的时期，整个国家似乎都陷入了瘫痪，每天人们的脸上都挂着惊恐的表情，人们被莫名地残害，其残酷的手段简直难以形容，我真的没有办法估算有多少无辜的生命在这场浩劫中离去。我之所以来到圣母院大学凯洛格学院，就是要致力民主转型，尤其针对拉美国家，我希望通过自己的努力帮助更多无辜的生命不再莫名地饱受摧残。"

圣母院大学凯洛格国际关系学院是世界领先的民主人权研究中心，集合各国学者，研究民主的挑战和人类发展。在他们看来，维护正义的运动是需要好的领导作为支撑的。如果有好想法并继续坚持就是成功的领导，他们的任务是帮人们赢回人权尊严，扭转局势，许多国家知识分子在这里做研究然后回国为民主做贡献。

圣母院教授沃克说："在我担任议员、智利国务卿整个过程中，凯洛格都给我带来各方面重要影响。"如今，智利的民主改变了许多人的生活，他们现在工作更好，受的教育更好，过的是崭新的生活。

假如一定要让我们假设，大多数人都宁愿相信这个世界上根本没有邪恶，也没有所谓的不公平。人作为大自然的产物，作为生命来说，与万物之间都是平等的，然而人又专门都到了上天的偏爱，成为了当下统治地球的高等生物。我们不愿意看到的是，人类社会形成直到现在，我

们人与人之间仍然存在着诸多不符合人道的不平等。有些人依仗自己的强大对很多无辜的生命肆意欺凌,甚至无法把自己的同类当做人一样对待。在圣母院大学看来,这种事情是相当不人道的,也是相当邪恶的,但凡是心怀正义之心的人都有义务去对其加以打击和制止,将那些无辜的生命从颠沛流离的恐惧中解救出来,让他们与自己一样,享有平安快乐的人生。

时下世界对于民主和人权的正义呼声越来越强烈,很多人都开始通过各方面的努力,为那些无辜人的生命实行救助。如今圣母院大学的师生在人权领域范围内进行着相当深入的研究,他们希望能够通过自己的努力并采取各种外交手段帮助更多无辜的生命去争取民主和人权,有效地提高他们的生活水平,帮助他们远离残暴和迫害,让他们可以和世界上大部分人一样,以完美的热情去迎接生命的每一天,依靠自己的能力更好地经营自己的人生。对圣母院大学来说,假如能够以自己的力量去帮助那些可怜的人改变未来,削弱邪恶给他们带来的恐惧和伤痛,那么任何付出和努力都是值得的。很多师生坦言,当下的努力就是为了让这个世界少一些邪恶多一点良善,因此,只要活着他们就要为那些无辜的生命继续战斗,为他们不断地去争取权利,争取自由和美好的明天。

> 圣母院大学教育箴言:
>
> 人与人之间的级别是人类自己划分,而不是上天划分的。假如因为这种级别的划分而注定要用凶残和折磨的方式去灭绝无数无辜的生命,那么也就意味着这些罪恶的实施者已经偏离了上天对于人类美好的期望。但凡心怀正义之心的人都有义务去对其加以打击和制止,将那些无辜的生命从颠沛流离的恐惧中解救出来,让他们与

第四章
正义之举，总要有人为之摇旗呐喊

自己一样，享有平安快乐的人生。事实上，人的一生很短暂，除了为自己以外或许我们还应该为别人做点什么。因此假如你真的意识到身边还有那么多绝望的双眼，就应该立刻行动起来，勇敢为那些无辜的生命争取希望。

世界不应漠视那些脆弱的眼神

如今世界变得越来越现实,生活在这里的人们在享受幸福的同时也常常看到自己同类眼中饱含的那种无助和脆弱。事实上,他们的眼神中都有那么一种热切的期待,期待更多人的帮助,期待着能够和那些幸福的人一样过上享有人格尊严的生活。人们常说当今时代已经步入文明,为了保守住这份文明,所有人都应该拒绝和反抗任何奴役和压迫,而这个世界也不应该用漠视的态度去面对那些无助和伤害。

世间万物总是变化万千,脆弱的眼神可能就在这繁杂世界的某个角落。很多人忽视这些脆弱的眼神,因为他们的脆弱对那些人没有任何帮助和利益,所以他们看不到那些脆弱生命的呼喊,忽视他们的渴望,甚至将他们抛弃在无人的荒郊野外,生怕那些脆弱的眼神出现在自己的眼前。世界并不都是那么的美好,在我们的身边有痛苦的挣扎、疾病的无奈、战争的悲惨、贫穷的无助,而生活在这些不幸之下的人们的眼神中,总是流露出一丝丝的期待,这些期待的眼神不应该被世界遗忘,不应该被世界抛弃在黑暗的角落。

那些脆弱的生命最容易被强大的人们忽视,但是强大的人不应该将那些脆弱的眼神抛弃在角落。当那些占有优势的人享受着美好时光,品尝着美味佳肴,听着美妙音乐的时候,你可曾想到在那穷乡僻壤生活的人们吗？他们不渴望有多么美味的佳肴，只期望能够顿顿饱餐；那些幸福的人们在和自己的亲人一起出外旅游，享受着大自然美好景致的时候，是否想过生活在战争硝烟下的人们，他们不期望自己能够拥有多么蔚蓝的天空，他们只是期望自己的生活中能有那么一点点的平静；当健壮的人们迈着轻快的步伐，和朋友们欢乐地散步、游泳、骑车的时候，是否会想到那些正在被疾病折磨的人们，他们不希望上天赐给自己多么长的寿命，只是希望自己能够拥有医治疾病的机会。幸运的人们看看世界上那些脆弱的人们吧，他们需要你们的关注，他们更需要你们的帮助，或许你并没有那么大的力量来帮助他们，但是请给他们送去你的祝福和快乐，千万不要将他们充满期待的眼神抛弃在脑后。

上天不会偏爱任何一个人，但是在世界上的每个角落中都会出现一些脆弱的眼神，这些眼神的存在并不是说明上天的残忍，而是上天为了考验那些幸运的人是否会去伸出自己的援助之手。如果你是一个幸运的人，就多去看看那些生活在黑暗角落的人，看看他们的愿望是不是你能够效力的，为他们做点什么吧。

圣母院大学一直都倡导博爱的精神，他们希望用自己的力量来关注那些生活在困难的人们。不管是正在被战争困扰的人，还是那些正在躺在病榻上的人，圣母院大学的师生希望用自己坚强的眼神来鼓励那里的人们能够顺利地实现自己的梦想，让他们摆脱现在的痛苦，当然这也是圣母院大学师生的骄傲。

2011年是一个比较特殊的年份，尤其是对于非洲的人们来讲，这一年是他们终身难忘的年份，因为这一年他们遇到了史上60年都未曾遇到的干旱和饥荒，那里的人们在一年的时间内竟然颗粒无收。非洲人们种植的粮食全靠上苍的眷顾，如果上苍在一年内不下雨，那么等待他

们的真的是一无所有。

2011年正是这样残酷的一年,那里的孩子根本吃不饱饭,看着孩子被饥饿折磨得大哭,作为父母心中自然是十分的痛苦,但是他们也毫无办法,因为自己也是已经好久没有吃饱饭了。那些饥饿孩子们的眼神真的震撼了所有的人,面对非洲人们的灾难,联合国呼吁各国进行援助,帮助那里的孩子,不要让孩子天天因为饥饿而无法绽放出灿烂的微笑。

于是在2011年9月24日的时候,联合国"非洲之角饥荒问题"部长级捐助国大会在纽约举行,联合国秘书长潘基文主持了此次会议,60多个国家和国际组织的代表出席了会议。各国想要通过这种方式来表达对非洲正在饱受饥荒折磨的人们的同情和帮助,很多国家也伸出了自己的援助之手,因为他们不希望看到非洲的孩子失去灿烂的笑容,不希望再看到那些眼神中透露出的饥饿与无助。

看看那些无辜的眼神,他们生活得并不开心,原因很简单,不是因为他们奢望的太多,而是他们的基本生存要素都无法得到,但是他们不会抱怨上天,只是期望用自己的眼神来寻求到帮助。强大的人千万不要问他们为什么不去奋斗,他们在奋斗,在与恶劣的天气抗争,在与战争抗争,在与疾病抗争,但是他们的力量真的太渺小了,他们需要帮助,而世界不应该忽视他们的需要。

圣母院大学的师生希望用自己的力量来帮助那些生活在困苦中的人们,他们希望生活在那些贫困与痛苦中的人们能够因为他们的出现而得到一丝改变。因为圣母院大学的精神中包含着博爱,他们希望用自己的能力让世界上生活在黑暗角落的人感受到一丝丝的温暖和幸福,让他们不再感觉到被上天忽略。当然他们也不曾抱怨过什么,他们不会抱怨为什么自己得到的只有这么一点点,因为他们渴望的只是拥有和平安全的

第四章
正义之举，总要有人为之摇旗呐喊

生存环境，拥有卫生纯净的食物、简单的医疗设备，起码的尊重和公平。他们的愿望是那么的简单又是那么的困难，困难的理由是因为人们总是习惯性地忽视他们的存在。

当你看到圣母院大学的师生在加快步伐为解决战争问题、环境问题、医疗条件问题、贫穷问题而不断奋斗的时候，你是否也有一种心动呢？赶快行动起来吧，睁开你的双眼，看看你身边需要帮助的人。当你有能力帮助他们的时候，不妨伸出自己的援助之手，让他们感受到人间真情还存在，人间还有温暖。或许你没有那么大的力量解决一个地区的战乱，或许你没有能力捐助大量的粮食，或许你没有能力去解决医疗问题，但是你可以用自己的能力去帮助身边需要帮助的人。看着他们脆弱的眼神，哪怕只是给他们简单的问候和关心也好，你需要的不仅仅是帮助别人。

我们的生活需要别人的祝福，那么你就要学会去祝福别人。在当今这个倡导文明的世界里，你是否会文明地行使自己的责任呢？或许现在的你拥有了丰厚的物质财富，或许你拥有了渊博的知识和文化，如果你不懂得用这些东西来帮助其他人，那么最终你会发现虽然拥有了那么多，依然不快乐，你更不会感受不到别人感激的幸福。所以说当你拥有了上天赐予你的一切的时候，不妨去用这些东西帮助那些脆弱的生命，让他们的生命能够变得长久，让他们的生活变得丰富起来，此时此刻，你会感觉到前所未有的快感，同时也会收获别人真挚的谢意。

圣母院大学教育箴言：

世界并不都是那么的美好，在我们的身边有痛苦的挣扎、疾病的无奈、战争的悲惨、贫穷的无助，而生活在这些不幸之下的人们的眼神中，总是流露出一丝丝的期待，这些期待的眼神不应该被世

界遗忘,不应该被世界抛弃在黑暗的角落。假如我们能够通过自己的努力而让更多脆弱的眼神看到希望,假如我们可以用自己的关心让这个世界少一点点冷漠和凄凉,那么一切的努力都是值得的。哪怕只能改变一点点,也要百分之百地为这一信仰全身投入。

第四章
正义之举，总要有人为之摇旗呐喊

帮助更多的人争得应有的权利

在西方流传着这样一句至理名言："上天面前人人平等。"的确，每个人从降生到世界的那一天起，就成为了造物主对于这个世界的恩赐。然而当下的世界仍然存在着诸多的不平等，正是由于这种不公平的现象，导致了人与人，国与国之间频繁出现矛盾和摩擦。不管什么时候，都必须有人站出来维护人与人之间的平等，用自己的努力帮助更多的人争得他们应有的权利和义务。

每个人都希望自己拥有更多的权利，希望自己手中的权利能够帮助自己起航，但是并不是所有人的梦想都能够实现，很多人仍在被别人奴役着，他们希望得到自由，希望自己拥有和其他人一样的权利，但是却始终没有实现。他们希望得到别人的尊重，不希望自己被他人蔑视，但是却还是无法实现。

世界是如此的现实，即便有的人整天告诉自己要获得自由，但是还是无法真正得到自由。虽然很多时候人们都在倡导平等，但是却仍然有不平等的现象存在。因为权利，人与人发生了竞争，如果从大的环境来讲，竞争的人们习惯了用这种方式来改变一切。希望得到更多的东西，希望自己能够获得更多，这就是人们自私的内心，因为这种自私，我们总是在抢占本来属于别人的权利。所以说如果你有能力，不妨去帮助那

些需要帮助的人，帮他们获得更多的权利，让他们感受到自己的生活因为你的出现而发生了改变。

圣母院大学的师生在为了帮助那些需要帮助的人争取权利，他们希望人们能够少一些自私心。当一个国家想要侵占另一个国家资源的时候，往往就会发生战争，但是最终受伤害的只是平凡的老百姓。当人民看到自己的孩子背上武器去战斗的时候，他们的内心是多么期待和平。当人们看到硝烟四起的时候，他们多么希望受伤的不是自己的亲人，多么希望和平能够出现。然而，战争还是爆发了。当战争爆发之后，一个国家被另一个国家打败，此时战败国的人民必然会受到歧视，但是人们应该回头想一想，这是他们的过错吗？他们应该得到的尊重为什么要被掠夺？此时此刻，战败国的人民想要得到应有的尊重和人权，他们需要被权利保护，于是，他们开始了新一轮的反抗。就这样一段段的摩擦不断地产生，这是多么悲惨的事情。

圣母院大学的师生希望天下和平，希望不管是在什么样的国家中，人权都能够被尊重，他们希望人们能够过上安定幸福的生活，当人们过着幸福生活的时候，他们会有一种成就感。当然，他们会用自己的努力去帮助每一个深陷困境的人们。人们希望自己生活在自由的国度，希望自己的生活能够变得更加自由，所以说，如果可以，那么就去帮助那些不自由的人们，让他们看到自由的希望，让他们重新放飞自己的梦想，这是一件很有意义的事情。

"我叫伊利亚斯，是奥克斯那本地人，今年22岁了。我的父亲生在墨西哥，在17岁的时候，移民到了美国，妈妈16岁的时候就想改变生活，他们很努力工作，我的性格在两种文化影响下形成。"一个男孩儿这样说道。

第四章
正义之举，总要有人为之摇旗呐喊

"我是古蒂教父，在诺特丹拉丁神学院当教授助理，移民是个很复杂的问题，诺特丹核心理念之一是奋斗的爱尔兰人，爱尔兰人是移民，这不是一个新问题，我们需要继续考虑移民者，经历过的困难很复杂，边界两端的人相互看着，却不理解对方，不知道对方的境遇。"

诺特丹大学拉丁研究所要求学生和老师反思这个世界，其中的移民问题是这个社会发展的核心问题之一，诺特丹致力于解决类似移民的复杂问题。移民问题是一个很棘手的问题，因为人民的迁徙，会直接影响到政治版图的变化，会给社会、经济、文化带来深刻的变化。其中最重要的一点就是权利的问题，很多人移民之后便很难得到新国家人民尊重，甚至会受到排挤，而他们的权利也得不到应有的保护，这就是移民带来的权利缺憾。

圣母院大学的学生总是这样问自己："为什么而奋斗？"他们会毫不犹豫地说"为了人类尊严"。当然他们致力解决移民带来的权利问题，尽量让人们感觉到平等，过上平等的生活。

不要想着去奴役别人，因为他们会反抗。世界上的战争在不断地发生，多半是因为一部分人受到了压迫想要反抗，通过战争来获得自己应有的权利，人们希望得到平等。当一些人在吃着牛排喝着红酒的时候，就会有一些人在吃着野菜和粗糙的粮食。当一些人在花费很少的时间就能得到大量金钱的时候，就有一些人在辛苦地加班工作，最终却只能够得到不足以维持生计的工钱。当一些人占有大量的医疗资源的时候，就有一部分人连最基本的医疗也无法享有。如果这样不平等的现象长时间的存在，那么势必会引起一部分人的反抗，他们会奋起争取自己的权利，这是很现实的问题。

随着社会的不断发展，贫富差距也在慢慢地拉大，人们之间的物质

占有量出现了很大的偏差,世界上很少的人占有了很大一部分资源,这样一来那些占有少量资源的人们自然不会服气,也不会乐意,所以说他们只能够尽力争取,最终矛盾便会激化。人与人之间应该平等,人们之间应该能够平等的对待彼此,如果不能够平等地对待彼此,那么世界上的混乱局面就不会停止。

圣母院大学的学生期望自己获得的知识能够帮助到更多的人,他们不希望世界出现不平等的现象,更不希望那些可怜的人为了生存而发愁。因此,圣母院大学的学生在奋斗着,他们会为了别人的生活而奋斗,为别人的幸福而奋斗,这对他们来讲是十分有意义的事情。当然,他们希望世界上有能力的人都行动起来,去伸出援助的双手,帮助那些生活不自由的人们,尽量地帮助他们争取到权利,让他们呼吸到自由的空气,这样你会发现自己的生活也会多一份幸福和快乐。

尽管争取权利的过程是那么的艰难,但是圣母院大学的师生并没有放弃,原因很简单,因为他们知道当自己花费了很大的努力,帮助到那些可怜的人们之后,自己的内心会受到鼓励,上天也会给予自己奖励,这就是他们做事情的动力。

> **圣母院大学教育箴言:**
> 世界是如此的现实,即便你整天告诉自己要获得自由,但是还是无法真正得到自由,甚至有的人也无法实现自己的梦想。因为权利,人与人发生了竞争,如果从大的环境来讲,竞争的人们习惯了用这种方式来改变一切。事实上,人与人之间应该是平等的,人们之间应该能够平等地对待彼此,如果你不能够平等地对待他人,那么世界中的混乱局面就不会停止。但是,假如世界上一切有能力的人都

第四章
正义之举，总要有人为之摇旗呐喊

> 能行动起来，秉持正义之心不断地为那些弱势群体争取权利，让他们感受到一些自由的气息，那么很多人的人生就会因为他们的存在出现转折，世界就会因此多了一份欣喜，少了一份凄凉。

用行动控制灾难，用行动打击犯罪

这个世界看似和平事实上并不平静。我们真的难以想象，假如有一天我们身边的某位认识的人在不知情的情况下成为了一起枪击案犯罪的无辜受害者，那时我们的内心会不会也因为他的不幸而倍感惊恐呢？没错！犯罪事件是可怕的，它总是在我们不知情的情况下发生。这场仇恨的报复会不断地伸展，最终伤及到很多无辜的人，假如我们没有立刻行动起来对其给予有力的回击，那么后果一定是不可想象的。

上天创造了人类，同时也创造了贪婪的人类。很多人总是贪婪地希望自己能够获得更加丰厚的物质生活，他们不惜牺牲别人的性命，不惜做出犯罪的行为，这就是贪婪的人。在这个世界上，灾难时刻都会发生，有的时候是自然现象，有的时候是人为因素造成的。但是我们不得不承认，我们想要控制灾难就要控制自己的行为，用行动来控制灾难的发生、来打击犯罪行为。

灾难总是那么的残酷。当人类在自然面前的时候，总是显得是那么的脆弱，尤其是在自然灾难来临之际，人们只能够尽量地去保护自己，但是最可怕的不是自然灾难，而是人为的行动，面对人为地灾难，我们不得不说这是一种人类的自相残杀。这种人与人之间的伤害已经变得那么的真实，很可能会随时出现在你我的身边，并且在灾难来临之前，我

第四章

正义之举，总要有人为之摇旗呐喊

们似乎根本不会感觉到。我们经常会看到这样的新闻，某个人为了实现自己的非法利益，会用非法的手段。当然这只是一个很小的犯罪行为，而对于一个国家来讲，威胁到国家利益的犯罪行为才是会特别引起世界人们关注的事情。

犯罪在很多时候只是一念之间的事情，在很多时候人们习惯了用自己的理解方式去诠释这个词语，但是犯罪的最终结果是危害到了其他人的权利甚至是威胁到了整个国家的权利，大的犯罪行为甚至会威胁到整个世界的安定，对世界各个国家的人们产生威胁。所以说要想控制犯罪行为，那么就应该主动地去行动，在犯罪行为即将出现的时候，就先将犯罪行为扼杀在摇篮中。圣母院大学的师生为维护世界和平不断地做出努力，他们希望通过自己积极的行为能够减少犯罪的概率。当然，他们知道减少犯罪率并不是一朝一夕的事情，需要消耗很多的时间，但是他们仍然在努力地坚持。

当我们看到新闻上报道的一起一起的枪杀案的时候，我们就应该反省了，为什么人们要用自己制造出来的先进武器来杀害自己的同胞呢？这是多么愚蠢的行为。圣母院大学也在对那些枪杀犯罪人的心理进行研究，发现他们的内心总是处在狭小的范围之内，他们无法让自己的心胸变得开阔，更是看不到自己生活的快乐。可以说他们总是对社会期望的很多，甚至有很大很强的欲望，当他们的欲望得不到满足的时候，他们便会报复，他们会选择举起手枪，来报复自己身边的人。当我们看到恐怖主义大肆地伤害人民的时候，我们需要的不是平静，而是用激愤的心情去痛斥这种行为。因此，世界各国都在打击恐怖行为，这是一种严重影响世界和平的行为，也是一种对世界有巨大破坏力的行为。

当然，要想让世界恢复平静，并不是一件简单的事情，这需要我们

每个人都积极行动起来，打击恐怖主义，打击犯罪行为，这样做目的只有一个，就是尽最大限度的保护人民的人身和财产安全，这是一种很重要的行为，也是一种很真实的行为。如果世界的每个角落都变得和平和安全，那么人们会相互信任，世间也会充满友爱。圣母院大学的师生也在为这项工作而付出自己的努力，这是一件多么有意义和有价值的事情。

"我是萨斯，今年已经19岁了，我是圣母院大学的一名大三学生，我什么都愿意尝试，喜欢运动、跳舞，我是典型的美国女孩。"一位金发女孩儿说道，"在9月11日的时候，我还是一名高中新生，那一天令人震惊，没人真正了解它的影响，美国从此不同，无论你走到哪里，都受到巨大的威胁，因为这个国家成为恐怖袭击的目标。"

"9·11事件"又被称作"9·11恐怖袭击事件"、"美国9·11事件"等，这次事件指的是在美国东部时间2001年9月11日上午的时候，恐怖分子劫持了4架民航客机，然后指挥这4架客机撞击了美国纽约世界贸易中心和华盛顿五角大楼的历史事件。这次事件是恐怖分子制造恐怖犯罪行为的典型代表，当然这次事件给美国带来了一定的经济损失，也给美国人民的心理上带来了很大的伤害。

"9·11事件"事件震惊全世界，以后，安全便成了重中之重，在政府支持下，包括中情局和司法部，诺特丹开发了虹膜辨别技术，能更准确地探测到威胁。"这项技术的特点是无论在哪里，你想知道某些人的身份，虹膜技术都能够成为不错的选择，虹膜不会变，照相之后，就能在下半生用作辨认，还可以保护别人。参与这一项目有很多好处，我们经费充足，就可以在研究中适当招本科生，他们也就能有成就感。"

萨斯说道："我很荣幸成为这一项目的一部分，我作为一个有重大

第四章
正义之举，总要有人为之摇旗呐喊

未来意义项目的工作者，我希望能够通过研究开发来减少犯罪行为的发生，减少世界灾难的发生。"圣母院大学的师生在努力开发着一项项新的先进技术，目的就是为了能够用自己的行动控制灾难、控制犯罪。

和平是世界永远不变的主题之一，不管是发达国家还是发展中国家，人们都希望能够得到和平，和平地生活下去，同样，人们希望能够稳定地进行着自己的工作和生活。但是世界上总有那么一些人在制造着不和平的因素，他们想要用一些暴力行为来获得非法的利益。当然很多犯罪的人都会有一种共同的心理，那就是自己能够在瞬间拥有很多东西，比如说拥有大量的财富，拥有丰富的物质资源，他们总是嫉妒别人拥有那么多的物质财富，他们总是在抱怨，抱怨上天的不公平。

圣母院大学的师生鼓励大家去奋斗，为了获取安定的生活而奋斗。当然，在世界上很多角落，人们生活的并不安定，他们随时会面临生命危险，随时都可能会丢掉自己的生命，但是他们只能够这样活着。圣母院大学的师生愿意用自己的智慧和精力来为生活在灾难中的人们做出贡献，他们认为只有尽力用自己的行为去帮助那些被危险环绕的人们，他们的内心才会感觉到充实，生活才会更加有意义。虽然世界上犯罪行为很多，也是五花八门，但是他们有义务去帮助那些生活在苦难中的人们，让他们免受灾难之苦，这也是上天赋予他们的使命。

人类在灾难面前是那么的脆弱，人的生命是那么的短暂，灾难能够瞬间结束一个人的生命。当然，提到灾难和犯罪，很多人都会产生恐怖的心理，也有一些人会觉得这些事情不会发生在自己的身边，他们的周围没有不安全的因素，但是绝非如此。当灾难来临的时候，人们需要的是能够面对这场灾难，或者说是能够用自己的行动来控制好灾难的发生范围。当然，在人为的灾难面前，我们要采取积极的控制

行为，通过自己的行为去尽力控制灾难的发生，千万不要当一个不敢面对危险的懦弱的人。

如果你生活在和平美好的环境中，如果你拥有很多的财富，如果你想要为那些深受威胁的人做点什么，那么你就赶快行动吧，用自己的行为来帮助那些身处灾难中的人们，让他们知道自己存在的价值，让他们知道自己的未来是多么的美好。我们生活的世界很丰富，千万不要因为犯罪行为而让自己变得被动起来。

> 圣母院大学教育箴言：
>
> 灾难总是那么的残酷。人类在自然面前的时候，总是显得是那么的脆弱，尤其是在自然灾难来临之际，人们只能够尽量地去保护自己，但是最可怕的不是自然灾难，而是人为的行动，面对人为的灾难，我们不得不说这是一种人类的自相残杀。要想让世界恢复平静，那并不是一件简单的事情，这需要我们每个人都积极地去行动，打击恐怖主义，打击犯罪行为，这样做目的只有一个，就是尽最大的限度保护人民的人身和财产安全，这是一种很重要的行为，也是一种很真实的行为。如果世界的每个角落都变得和平和安全，那么人们会相互信任，世间也会充满友爱，假如我们可以为这项工作而努力奋斗，世间必将会有很多人因为我们的善举而得福。

第五章

拓宽我的视野，只为放宽你的心境

小时候我们觉得外面的世界很精彩，脑海中总是充斥着未来无限的可能，我们用好奇的心去打量着别人，审视着生活，直到最终长大成人，具备展翅飞翔能力的那一刻。当我们依靠自己的努力看到了诸多意料之外的美景，却发现在世界的某个角落还有一些人因为看不到明天的希望而倍感失落。就在那一刻，作为同龄人的我们会作何感想呢？有位哲人说过："给我一个支点，我能翘起地球。"事实上，很多脆弱的灵魂，有时仅仅需要这样一个支点。假如你可以通过拓宽自己的视野，帮助他们解决当下的难题，让他们在放宽心路后重新燃起生活的信心和勇气，或许一个家族乃至一个国家或民族都会因为这种勇气的存在而实现命运的转折。

第 五 章
拓宽我的视野，只为放宽你的心境

我的预见，成就的是一个辉煌的未来

有经验的老人常说："想要把事情做好，就要把一切想在前头。"的确，如果对于一件事情我们能够有预见地进行分析，做好准备，那么很可能就可以拥有一个辉煌的未来，对于一件事是这样，对于一个人是这样，对于一个国家乃至一个世界也是这样。

不管是对于一件事情，还是对于一个国家的未来，要想把自己的目标和理想落实到位，都是需要精心谋划的。假如我们能够有预见性地看到很多未来可能发生的问题，并可以在没有发生之前就妥善地加以解决，那么也就等于为明天的辉煌成果打下了坚实的基础，梦想的实现也多了一成胜算。

如今，不管是哪个国家，哪个区域，人们往往会因为没有预见性地随意行事，而最终使自己身陷困境，以至于一生都很难再有弥补错误的可能。假如这件事情仅仅发生在一个人身上，那可能危害力并不是很大，但假如这种现象出现在一个国家的决断力上，那很可能就要比想象的糟

糕得多。

尽管国家是由广大民众组合而成的,且参政的决策人才也都是从国家内部选拔出来的尖端力量。但面对发展、能源、经济、财政、环境保护,民众福利等多种形式的选择,不同的国家的侧重点却是各不相同的。例如,有些国家认为,当下最要紧的事情是解决人民的福利和就业问题,因为只有这样国家的政局才会稳定,国家的经济才能得到长足有效的发展。然而当他们将重点集中在这件事情上的时候,必然会对诸如环境因素,能源因素以及未来后代的存续发展因素有所忽略。因为假如要解决员工的就业问题,就一定要大规模地扩大经济发展,不断扩大国家之间进出口贸易,因此就必须不断地加大国内各企业的发展,只有这样才能生产出优质的产品,对经济贸易进行有效的供给。但商品又从何而来呢?答案很简单,必然是从国内各项能源和原材料中来,没有能源的供给,企业的机器就运作不了,而原材料也就难以加工成商品进行出售。因此,在这个时候,国家就必须放宽有关工厂企业对于能源开发方面的限制,但与此同时这个国家的能源资源也会因此而逐渐减少。

我们都知道能源是需要经过长时间的沉积演变才得以形成的。因此,现在多开采一分,就很可能意味着后代子孙会因此而少了很多的能源财富。从这一角度来说,即便当下这个国家的经济状况发展良好,在世界排名中也并不算落后,但也保不齐在若干年后,由于能源开采过量,他们的子孙将会面临能源枯竭的难题。而那个时候,假如一味地用高价向其他国家进口能源,那无疑于给对方一个拿住自己的机会。反正你也没有,又不得不用,那么恰好抓住你的弱点好好地赚你一笔。要么就听我的,要么开多少价钱也买不着。结果后果是什么样,我们不用过多想就知道,从长远角度来看,采取这种大规模的能源开采发展策略,对于整

个国家的明天来说，并没有那么乐观。

在圣母院大学看来，由于很多国家只将眼光驻足于眼前利益，而并没有在自我可供的时间范围内有预见性地考虑到自己后续的发展，那么对于未来的世界而言无异于是一场潜在的灾难。当能源成为最为紧缺的东西，而各个国家又都是那么的需要，一旦集体陷入紧张必然会掀起一番关于能源和资源的争斗，那么随之而来的很可能是诸如国家矛盾、民族矛盾、战争、地质灾难、环境污染的等各个方面的困扰。因此，作为一个对自己和更多人存有一定责任心的世界公民，每个人都应该承担起对可预见问题进行有效地预防和控制的义务。作为一座富有宗教信仰文化的历史名校，圣母院大学始终在教导学员，要努力用自己所学的知识，帮助整个世界有效地解决实际问题。在他们看来这个世界有很多矛盾和灾难都是可以有效地避免和提前解决的。假如我们每个人都可以将自己人生的方向和目标划定在这个范围，那么在不久的将来，世界必然会因为更多有这种自我价值意识的人而展现出最为亮丽的色彩，而人类的未来也必将随辉煌起来，更多的人会因为前人的努力而绽放出阳光般的笑容。

当下，圣母院大学在不断致力对整个世界范围内的可预见问题的规划应对方案。这种预见和应对方案几乎囊括了一个国家所要接触的方方面面。其中包括政治、经济、文化、能源、环境、福利待遇等，以及针对各项因素在其导致不协调后很可能会出现的连锁反应制定出切实有效的应急预案，和在有效时间规划内的解决办法。他们希望通过自己一系列的努力奋斗，可以在不久的将来帮助更多的人解决大环境下的诸多生存问题，让这个世界依然能够呈现出人类美好家园的秀丽美景，最大限度地降低因为能源过度开采、环境污染给整个民族之林带来的各种负面

影响。这是一个相当伟大的行动计划，必须经得起时间的考验和反复的推敲。在圣母院大学看来，假如真的想很好地完成这项有备无患的伟大设想，作为提供这些设想和行动措施的人而言，首先就要面临知识、道德、思想高度、内心信仰等诸多方面的考验。很多圣母院大学的学员都表示，自己当初之所以会选择报考这里，主要原因还是因为这里的博爱，而这份博爱也深深地打动了他们的心灵，如今他们在这里努力地学习，不断地积累和演练着其未来所要从事领域的各项技能，为的就是可以用自己学到的一切帮更多的人解决问题，不管这种问题出现在当下，还是未来。

的确，不管作为一个人还是一个世界，正确的预见往往成就更多意想不到的收获。未来的辉煌往往来源于那些有预见性的规划，因此在做出行动之前，所有人都应该为那有预见性的规划而尽心尽力，努力奋斗。如今，圣母院大学的师生在不断地为之奋斗，其目标只有一个，让未来的世界因自己而精彩，因自己而辉煌，因自己而变得更加美好。

> **圣母院大学教育箴言：**
>
> 人们往往会因为没有预见性地随意行事，而在最终使自己身陷困境，以致一生都很难再有弥补错误的可能。事实上，这个世界有很多矛盾和灾难都是可以有效地避免和提前解决的，假如我们每个人都可以将自己人生的方向和目标划定在这个范围，那么在不久的将来，世界必然会因为更多有这种自我价值意识的人而展现出最为亮丽的色彩，而人类的未来也必将随之辉煌起来，更多的人会因为前人的努力而绽放出阳光般的笑容。

第五章
拓宽我的视野，只为放宽你的心境

预计未来得失，才能抑制当下的欲望

每一年，我们都会看到联合国相关部门公布出有关环境变暖的资料报告，并呼吁世界各国齐心协力去解决这个问题。的确，气候变暖不仅仅是一个有关气候的问题，也不仅仅是一个关于环境被破坏的问题，而是直接关系到整个地球物种的生存问题，其中也包括人类自己。假如我们仍然对未来的得失没有预计，也不采取一定的自我抑制行动，那必然会在不久的将来因为当下的贪欲而毁灭了我们明天的生命。

当下，所有国家似乎最关心的还是经济问题，因为经济问题将直接决定国内公民福利待遇，也直接决定着政府部门有没有足够的基金进行国内建设、国防巩固、灾难应急等各种各样的资本支出。因此，很多国家都开始大规模地进行工业生产，不断地将关注目光投入到产品输出领域，认为只有加大经济开发力度，尽快把钱抓到自己手里，才能有效地带动国内各项政策的有效实施，得到国内更多民众的支持，让自己的国库充盈起来，以此来有效地增强国家实力，并将更多资本用来巩固国防建设，提高公民福利，切实有效地进行国内经济的宏观调控。

其实，作为一个国家而言，想维系全民上下的收支平衡，维护整个社会的治安稳定，是相当不容易的。有些时候，国家就好比是一个人，每个人都希望能过上很好的生活，自然对于自己的金钱收入就有了自己

的要求。而随着年龄不断的增长，自己所要维系的开支也会一点点的加大，自己也会慢慢因为经济的压力和负担喘不过气来。于是，很多人就开始动起了不该动的脑筋，采取了拆东墙补西墙的方法。其实有些时候，就连他们自己也清楚，今天自己抽出来的砖只能解决一时的忧患，但至于东墙那边早晚也是要出事儿的。很多人却大多有这样一种侥幸心理，心想出事儿也分早晚，当下的困难最重要，解决了当下谁知道以后呢？或许这个问题会在3个月内出现，或许这个问题会在一年以后出现，但也没准儿这个问题会在20年以后出现，到那时候自己活着没活着都另当别说，想那么多干吗？总比现在就死强得多吧。于是今天抽一下，明天又抽一下，窟窿越来越大，最后到了无法弥补的程度，房子塌了，全家人的性命全没了。

而作为国家也是如此，给予种种无奈，很多时候国家都需要努力地去解决一些迫在眉睫的问题。例如，假如现在经济问题不解决，民众就很可能对政府产生不满。因此，自己明明知道加大工业生产会消耗更多的能源，且很可能造成污染环境的隐患，但仍然会选择铤而走险。最后，最要紧的事情虽然得到了暂时的解决，可之后所带来的，很可能是更难以挽回的灾难。其实，有些时候，很多国家都会将暂时的得失看得很重，他们往往只想着解决眼前的问题，一切只看现在却因此而忽略了未来，而恰好这一行为对于未来来说又造成非常严重的破坏。

看到这种问题在世界范围内的国家中愈演愈烈，而这种自然环境的破坏假如不引起大家足够关注的话，很可能会在未来影响到全人类的生存问题。单以气候变暖这件事情来说，假如这种情况再不加以克制，很可能就会引发一些列灾难性的连锁反应。首先，气候变暖很多物种就会濒临灭绝，原有的生态食物链就会被打乱。很多地域植物会因为气候问

题而枯萎灭绝,那么由此而导致的土地荒漠化就会在我们的眼前愈演愈烈。此外,当冰山融化,海水水位升高,很多世界沿海城市乃至整个国家都很可能因此而淹没,而这从经济范畴和人类财产生命安全范畴来说都是划不来的。假如一个地域的文明会因为气候的变暖而濒临灭绝,那么对于整个世界来说必将会是一个巨大的损失。圣母院大学从很早以前就开始关注这件事情,他们不但看到了当下气候变暖的严峻形势,也看到了这种形势在未来几十年甚至上百年后的毁灭性影响。尽管有些问题在当下还不能得到很好的解决,但是在这所大学里老师和学员都已经很早就行动起来,用自己学到的知识,去不断地对这一问题进行深入研究,希望能够从中找到有效的解决办法,或者谋求一种良好的控制方案。假如能够找到一条既不影响工业发展,又可以切实有效地保护环境之路,控制气候变暖速度那就再好不过了。

面对气候变暖问题,圣母院大学的一位学生这样感慨到:"有一组科学家在今天含糊地说,全球变暖是很现实的问题,人类几乎要付完全责任,因为那几乎都是由于人类的活动造成的。当你开车路过一家能源工厂,看到那里在源源不断地向上冒着水蒸气,你就应该同时想到,那里其实也在大量地排放着二氧化碳。"的确,随着重工业的发展,能源废气的排放量在日益升高。对此,圣母院的一位大学教授评论道:"如今这些气体的排放量在全球范围内正在不断增加,而且日益严重。预见将来很可能发生的灾难,我们需要很快找到一种解决一切问题的可靠方法。"

杰西卡今年27岁,如今她已经在圣母院大学研读了四年,尽管她年龄不大,却对于能源消耗给予世界气候带来的影响问题,给予了高度关注。她说:"人类消耗了许多能源,这对全球气候变暖是相当重要的。

我们会找到其他产生能源的方法,我们应该捕捉到燃烧产生的二氧化碳,我们试图发展新科技,做到从气体中吸收二氧化碳,并且低成本高效率。

如今,圣母院大学已经成为全国闻名的控制二氧化碳排放量的领先研究机构,在能源部和许多其他部门的支持下,圣母院大学始终在为抗击二氧化碳排放量进行着坚持不懈的努力。在圣母院大学师生看来,有效地降低这类气体的排放,非常符合自己作为一个世界公民的价值理想。因为他们希望能够通过自己的努力,而让明天的世界看起来更加美好。

面对一些还没有发生的灾难性问题,每个人都必须提起高度重视,尽管当下这种气候变暖问题还不是非常严重,但至少作为当下人,我们对于自身的欲望还是应该有所节制的。假如我们只一味考虑自己,而不考虑未来更多人所要面对的生存难题,那必然是一种不负责任的自私行为。相反,假如当下有更多人意识到了这一点,而且对其引起了高度重视,那么这些问题也许在还没有发生之前就能得到很好的解决。其实,一切事情都有一些折中的办法,作为活在当下的人,假如能够在发展经济的同时做到不影响整个的生态气候环境,那么即便是要经历一些相对烦琐的过程,也是非常值得的事情。既然,当下的我们已经预计到了现在行为对于未来的得失,就应该从现在开始行动起来,克制内心的欲望,努力地让这个世界保持气候环境的稳定,让我们的后世子孙能够生活得更幸福,更安逸。

如今圣母院大学仍然在不断地探索着有关改善自然环境的路径,他们希望能够通过自己的努力,让那些已经预见到的灾难不再发生,让那些正在肆意蔓延的环境隐患得到有效的控制,让那些改善自然环境的计划能够得到有效的实施。尽管为了这一切他们始终在进行着执著的探索

和奋斗，但这一梦想能不能延续还需要更多人的参与和支持。的确，奋斗不是一句口号，一个想法，他需要所有人共同的努力，彼此的支持。只有在所有人都意识到的情况下，进行有效的自我欲望控制，并及时地配合相关的改善计划，才能在最终圆满这个世界范围内的共同理想。让明天的天更蓝，让明天的水更清，让未来的人们脸上依然挂着灿烂的笑容。

> 圣母院大学教育箴言：
>
> 　　面对一些还没有发生的灾难性问题，每个人都必须提起高度重视，因为这些问题没有发生，因此也就意味着自己对于很多事情还存在着相当大的可控力。既然当下的我们已经预计到了现在行为对于未来的得失，就应该从现在开始行动起来，克制内心的欲望，努力地让这个世界保持气候环境的稳定，让我们的后世子孙能够生活得更幸福，更安逸。事实上，为未来而奋斗不是一句口号，一个想法，它需要所有人共同的努力，彼此的支持。只有所有人在意识到的情况下，进行有效地自我欲望控制，并及时地配合相关的改善计划，才能在最终圆满实现这个世界范围内的共同理想。

先调整自己,再去调整世界

如今很多年轻人在选择行业的时候都会注重薪资收益问题,认为这件事是唯一可以证明自身价值的标准。而事实上,这种认知并不正确。圣母院大学认为,这个世界需要一批有责任感的年轻人,他们会着重于帮助更多的人解决困难和问题,而不是将未来着眼于当前的财富诱惑。假如我们是世界的一员,而世界又有地方需要你,那就应该马上到那些需要自己的地方去。世界有很多地方需要改变,先调整自己,才能有机会调整世界。

假如你是一个年轻人,你会怎样估算自己人生的价值呢?假如有一个职业对你的发展有所局限,但薪资却很高,而另一个会让全世界感激你,但薪资却会长时间一般,作为你来说又会做何选择呢?其实这个问题是摆在很多年轻人面前的一个非常重要的问题。但其最终的回答却并不相同。人各有志,不管是出于什么样的选择,至少在那一刻,大家都会觉得自己的选择是正确的。然而在圣母院大学的师生们看来,对于世界而言,金钱不过是从它那里产出的一种物质,但自己作为一个人却是造物主所孕育出来的生命。当人作为一个生命来到这个世界上,必然背负着一种使命,而这种使命必然是要让每一个人利用自己毕生的精力努力地完成它实现它。因此,假如这个世界的某个角落需要你,即便你在金钱和物质上并不充裕,也应该义无反顾,因为这就是你来到这个世界

第五章
拓宽我的视野，只为放宽你的心境

的目的——帮助更多的人，帮助这个世界解决力所能及的问题，同时让更多的人能够长长久久地在这个共同的家园里快乐地生活。不管这些人是认识的还是不认识的，不管自己在的时候他们在不在、他们在的时候自己还在不在。

人的一生总会有很多选择的权利，我们经常会做出很多自己认为正确的选择，尽管那一切并不是百分之百正确。在人生的整个过程中每个人都在进行着自我调适，去选择自己认为最重要的东西，搁置一些自己认为暂时不需要的东西。其实在每个人小的时候，往往都会受到某种正确思想意识的熏陶，认为自己生来就是要做一番大事，我们可以改变世界，为很多人谋得福利，让很多人记住自己，甚至有些男孩子还有那么一点英雄主义情结。但随着时光的流逝，很多人在现实的消磨中迷失了方向，忘记了当初的理想，开始着重于能让自己过得更好的金钱。

其实，谋取经济价值和调整世界并没有什么太大的冲突，能够形成冲突的往往是我们内心深处越来越激进的诱惑。得到了没有满足，贪婪总是让我们希望得到更多。在这种邪恶神经的触动下，我们开始自私，开始越发地暴躁，开始对身边每一个人不再那么认真，情感的冷淡让我们的心中有了这样一个意识："在整个人生当中，只有自己是最重要的，其它的一切都是浮云，一切都不重要，一切都应该是围着我转的。"当然，在生活中，我们也会时常抱怨，为什么别人是这样的没有涵养？为什么要这样受规则约束？当下人的道德底线何在？但只要我们细细打量一下自己就会发现，我们之所以会用这种正面的思想批判别人，是因为我们自己在承受很多不平等待遇，我们自己因为别人的这种行为受到了伤害，但我们自己似乎常常在不经意间也在做着与他们类似的事情，甚至可以说没有任何差异。

圣母院大学长期致力人类心理方面的研究，他们认为每个人的心里都有着一颗渴望成就自我的灵魂，但这颗灵魂如果没有经历很好的自我调适，说不定就会偏离正常的轨道，做出很多不利于自己、不利于别人，甚至不利于世界的事情。假如这个时候有人可以伸出援手，给予他们一定方向上的引导，那么很可能他们会在自我价值的认知上出现相当不错的改观。其实，不管是做什么事情，想要做好都是要以一个人的良好道德认知作为基础的。假如所有人都可以以高标准的道德素养完善自己，并用这种良善的思想意识去尽心完成身边的每一件事，假如每个人能在做这件事的时候多想想别人，那么世界上很多灾难都是可以得到有效避免的，每个人都可以在这个世界上得到很好的发展，而世界的未来也会因此而变得更加美好。

为此，作为一个具有宗教信仰的世界名校，圣母院大学的学员自从走进校门的那天起，就开始不断地思考人生价值观中的各项问题，在这里他们不但要努力学习新的知识，还要不断地去思考这些知识究竟是用来为自己创造更丰厚的收益，还是可以用来帮助更多的人解决实际困难和问题。最终，他们得出了统一的结论，那就是人的一生最有意义的事情还是让更多的人从自己的努力中受益。假如金钱和回报可以衡量一个人的价值，那么让更多的人因自己而得享平安则证明了一个人来人间行走一遭的地位。假如造物主让我们来到这个世界是为了让我们将世界变得更加美好，那么各种诱惑和贪欲都必将因为我们对他的忠诚而变得一文不值。

从当下世界的形式看来，不管是人类的心灵还是一个国家的发展，乃至全球化的危机都极力期待着有识之士的有效调整。而要想调整这些问题，我们首先就要从调整自己出发。首先不再去做那些只顾眼前不顾

后果的事情。其次专注于自己的理想，把它看成是一种对更多人负责的事业。最后，发挥自己所长，将眼光放得更加长远，我们首先要去考虑当下的举动究竟对未来有怎样的影响。假如我们确定这样做对未来有益，那么即便操作要比别人烦琐一些也要坚持把它变为自己的习惯；假如我们做的一切对于未来百害而无一利，那么即便是当下会对我们自身有一些利益，也坚决不能去做。

如今圣母院大学的师生正在努力地用自己的完美意识去武装自己，他们知道自己的责任所在，而且还很认真地去权衡自己一举一动对于未来所造成的影响。在学校的每一天，每一个学员都在不断地调整着自己对于事情的看法，对于生活的认知，自己行为举动对别人所造成的影响。经过一段时间的思考和调整，他们开始深切地意识到自己的生命对于整个世界的意义所在。为了让这个世界能够因为自己而多一丝美好少一丝患难，为了帮助当下以及未来的人们规避未来的困惑和灾难，他们愿意用自己不懈的努力和奋斗去成就这件事情，不再以世俗的眼光和无休止的贪欲去审视自身的价值。因为他们知道，调整世界是多么的重要，想要将世界调整得更加美好，就先从调整自己入手吧。

圣母院大学教育箴言：

每个人的心里都有着一颗渴望成就自我的灵魂，但这颗灵魂如果没有经历很好的自我调适，说不定就会偏离正常的轨道，做出很多不利于自己，不利于别人，甚至不利于世界的事情。在我们幼年的时候，几乎每个人都怀揣着一种改变世界的美好愿望，我们希望这个世界能够因为我们的存在而变得更加美好。人的一生最有意义的事情还是让更多的人从自己的努力中受益。假如金钱和回报可以

衡量一个人的价值，那么让更多的人因自己而得享平安则证明了一个人来人间行走一遭的地位。尽管上天赐予每个人改变世界的能力，但作为我们自己而言，想实现这个愿望首先要从调整自己开始的。

用我的真心，打开一颗颗封闭的灵魂

如今很多人都带着一种愤恨的心在工作和生活，他们封闭自己，不愿意过多地向别人吐露心声，但他们很可能会因为这种内心的纠结而无法放宽自己的视野，在愤恨与不满中开始使自己陷入绝望的边缘。事实上，灵魂封闭太久很容易将人引向极端。假如我们可以用自己的真心，打开那一颗颗封闭的心，让他们重新享受到友情的温暖和阳光，那么这个世界就会在减少犯罪概率的同时，多了一大群渴望帮助别人的热心人。

曾经有一位伟大的名人说过这样一句话："假如你想要别人怎样对待你，那么从现在开始，你就要努力怎样对待别人。"在如今的社会，我们每天都看到川流不息的人潮，来来往往交织在城市的大街小巷，但我们却很难从他们的身上看到太多的笑容。他们常常紧皱眉头，脸上没有太多表情，当与别人的目光不期而遇的时候，其眼光中并没有太多的友好，相反却充斥着很多鄙视和怀疑。这不禁让我们大为困惑，大家都是怎么了？为什么要以这样一种冷漠的情感去面对身边的人呢？

事实上，大多数人的内心都是充满友善和爱心的，之所以现在会出现这种现象，主要还是因为他们在现实多重压力中采取了一种自我封闭的方式掩饰自己的想法。时代越是进步，每个人的时间就会越宝贵。当我们遇到问题的时候，不知道该向谁去问，因为总觉得这个世界上没有

谁会真正值得信赖。当我们想吐苦水的时候，却不知道向谁倾诉，因为从别人的神情中我们意识到，所有人都很忙也很现实，没有人会拿出太多的时间听你抱怨，与其在有限的时间内听你抱怨，还不如好好利用一下这段生命为自己多赚点钱。因此，随着时间的逝去，很多人都开始不再向别人吐露自己的心声，他们不会多说，甚至产生了一种防备心理，根本就不想让任何人走近自己。他们对每个人都有着一种很强的防范意识，这种防范意识最终促使他们走向自我封闭。而这种自我封闭所带来的负面情绪，经过长时间的累积，成为了诸如疾病、犯罪诱因、生活不幸、自杀事件等诸多不良结果的诱因。

其实，很多人都在内心渴望着一种情感的宣泄和灵魂的救赎。然而他们却因为对周边人的怀疑而使得自己陷入孤独的困境。这虽然看似是一个很简单的个人情绪问题，甚至有人说只要自己能够有效地自我调整就不会出现什么大问题。我们不要高估了自己的承受力，人并没有我们想象中的那么强大。即便是有些人能够依仗自己先天的性格因素，不把生活中的苦难看成问题，但总会有一些人会因为找不到正确的调整方法而身陷忧郁，事实上，社会上有很多人在这个时候是需要他人的辅助和介入的。假如这个时候我们可以依仗自己所学的知识和人生阅历为他们提供力所能及的心理帮助，说不定就可以很好地改变他们当下的生活状态。

在圣母院大学看来，压力的积累和情绪的不满，除了会影响到当事人自己生活的幸福外，还很有可能会演变成一种社会性的行为。例如有些人会因为得不到理解开始自甘堕落，为了麻痹神经开始吸食毒品，在夜总会红灯区寻找刺激，毒品深入到他们的体内摧毁其神经和脏器，而各种各样的传染病也很可能会直接危及到他们的生命。除此之外，还有

第 五 章
拓宽我的视野，只为放宽你的心境

很多人因为无法得到帮助而对社会产生不满，为了报复社会，他们会采取极端的暴力手段。这种暴力往往会存在着公开犯罪和隐性犯罪两种，公开犯罪不言而喻就是明目张胆地对自己认识的不认识的人进行各种侵犯，其中有人会成为自杀式袭击者，有人会努力地使身体的传染病危及更多的人，诸如抢劫、谋杀这样的事情会在社会上日益泛滥猖獗，而他们对待法律各种各样的严惩却表现出一副无惧无畏的神情。而隐形犯罪则似乎更为可怕，他们往往具有着相当高的智商和知识储备，只要他们想，他们就完全可以利用手头的电脑将一切犯罪轻松搞定。因此，我们会看到有些人不过是在家里轻松地摆弄着自己的电脑，手边说不定还放着一些零食，耳边还轻松地听着当下的流行音乐。可谁也想象不到，就是这样一个人正在每分每秒地破坏着很多大型企业乃至政府机构的网络系统，他完全可以凭借自己的知识和智商，将所有网络系统深陷瘫痪状态，给社会带来的经济损失难以用数字估量。其实，作为这些人而言，他们早就知道自己会有被抓捕的一天，但还是会不择手段地实施这种犯罪行动，其主要原因还是在于内心的仇恨情绪难以得到有效宣泄。而这一切，很可能会因为这些人不经意的宣泄而影响到未来很多人的命运。因此，从这一可预见性的破坏力来说，很好地解决他们内心的困惑就成为了一件非常重要且必须迅速解决的事情。

　　长时间以来圣母院大学开展了一系列有关研究人类犯罪心理方面的研究，希望能够通过这种研究，看清人们实行犯罪以及从事对社会有破坏力事件的主要原因，并寻求一种提前帮助他们解决内心困惑，以此来寻求社会长治久安的策略。他们希望通过自己的努力能够为政府提供一些有效的意识行为判断信息，并提前对一些具有负面情绪的人给予有效的帮助和安抚，以此来帮助更多的人在过好生活的同时，怀着一份感恩

和快乐的心去友好地面对生命中的每一个人。圣母院大学的师生感到改造世界的起始应该在于改造每个人的灵魂,假如我们可以用自己的真心去帮助他们打开心结,敞开自己封闭的心,让他们意识到世界的美好,意识到世界上还有那么多愿意帮助他们的忠实倾听者,那么世界必然会变得与众不同。每一年圣母院大学都会源源不断地向社会输送一大批具有丰富心理知识和心理咨询实践能力的学员,他们不论从道德水准还是从知识储备上都相当优秀。当问起他们未来的奋斗目标,他们都会不假思索地说:"我们奋斗的动力来源于我们的真心,我们希望用自己的爱心去打开世界上那一颗颗封闭的灵魂,让阳光点亮他们的生活,当然最为长远的目的还是能够通过灵魂的改造而成就世界更美好的前景和未来。"是的,每一个心怀大爱的人,都应该为打开封闭的灵魂而努力奋斗。

> 圣母院大学教育箴言:
>
> 　　压力的积累和情绪的不满,除了会影响到当事人自己生活的幸福外,还很有可能会演变成一种社会性的行为。我们不要高估了自己的承受力,也不要把别人的胸怀看得过于宽广,事实上每个人都有一颗脆弱的灵魂,我们并没有想象中的那么强大。假如我们可以用自己的真心去帮助他们打开心结,敞开自己封闭的心,让他们意识到世界的美好,意识到世界上还有那么多愿意帮助他们的忠实倾听者,那么世界必然会因此而变得与众不同。

第 五 章

拓宽我的视野，只为放宽你的心境

为明天的可持续发展而努力

世界是人类共同的家园，承载着人类一代又一代的希望。尽管在我们的人生长河里，百分之百的时间都是在这个美丽的蓝色星球上度过，但我们除了要着眼于当下的生活外，还要尽可能多为自己的后代想一想，毕竟人类作为一个物种是需要不断繁衍生息的。当下的努力，必然是为了让整个人类世界得到长期可持续性的发展。

有人说人生的每一天都是在忙碌中度过的，我们日出而作，日落而息，为了提高自己的生活质量而奋斗。但你有没有想过，假如有一天世界因为我们祖先的各种不注意而濒临失衡，而我们自己的生存也成为了一个十分困难的问题。就在那一刻，我们心中的情绪究竟会是什么样子呢？我们会不会还在那里炫耀自己的祖先当年是重工业企业家，或者说我们的祖先曾经参与过大规模的原油开采并赚了不少钱？不，这一切都将成为我们不愿意去想的事情，或许在那一刻，我们的心中对他们再也没有敬佩的感情，相反心中满满的都是难以宣泄的怨气。我们会抱怨他们为什么没有考虑一下未来的自己，抱怨他们是何等残忍地剥夺了本应属于自己的资源，抱怨他们是那样随意地丢弃了自己维系生存的权利，而这一切的一切在那一刻都不再会有任何意义，因为该没有的已经没有了，该不在的也已经不在了。

　　如今，能源问题已经开始成为一个国家贫穷或者富裕的主要因素，谁的能源多就意味着谁具备着进一步自我发展的潜在能力。这种类似于不动产的财富是如此的紧缺和稀有，难以用任何当前价值所估算，它们已经成为一个国家强盛的标志和资本，甚至可以成为一个国家政局稳定的坚实基础。然而，现如今，很多国家都开始参与到了没有硝烟的经济战场之中。为了能够在这场争斗中取胜，并最大限度地收获更多的财富，大家都将眼光驻足在了可利用的能源问题上。毕竟，重工业的发展是要以能源为有效依托的，但与此同时，过度的能源开采势必会为未来的可持续发展带来难以弥补的损失。我们可以试想一下，当下科技在不断地迅猛发展，人们也越来越深刻地考虑到了能源对于人类生存的重要性，今天工业所用一天的能源或许在不久的将来完全可以够后代用上一个星期甚至更长时间，因此所有国家都在不断地进行着节省能源的科研项目。假如我们可以考虑到自己下一代的未来，尽可能地从自己的嘴里为他们每天省下那么一点点，说不定就可以帮助他们度过最为困难的时期。为此圣母院大学从各个方面对节省资源和如何有效地利用能源，研制出更好的可替代能源方面进行着深入的研究，力求能够在已预见性的问题上有所突破，帮助整个世界进行切实有效的可持续发展。

　　米汉是圣母院大学2011届的学生，在他看来，当自己还没有踏入这所高等学府的时候，还很容易把能源看做是想当然的事情，觉得利用能源是必须的，但究竟每天要用多少自己却真的不太清楚。然而经过一段学习以后，他终于明白，原来自己生活的每一天，能源都在发生着相当巨大的作用。不幸的是，随着工业生产和当下人们肆意浪费的现象增多，能源也开始被大规模地消耗，与此同时由于各个工厂单位的处理不善，在进行工业生产的同时，这些被利用的能源最终转换成了废物，而

且这些废物在很大程度上对环境和生态都产生了相当严重的负面影响。

圣母院大学教授皮特这样说："能源不足以满足现在的需求，核能有这种潜力，作为清洁能源，能有效地改善能源紧缺的现状。"在皮特教授的指导下，圣母院大学的能源中心已经为把核废气转化为有效能源打下了重要基础，他们通过研究铀矿和环境化学来进一步地对核能可利用进行尝试。在一系列的研究中，皮特教授发现了人们所不知道的一些新物质，这些新物质对燃料在利用放射物处理和核能开发上有着相当重大的意义。

一般来说，核燃料离开放射堆之后就成为了废品，但是95%的能源其实还在那里，一旦通过圣母院大学的研制循环利用技术，我们完全可以得到更多的能源。假如我们可以充分挖掘它们的潜力，就能够很好地提高人们的生活质量，为后代创造可持续发展的世界。

世界是人类共同美好的家园，而事实上到目前为止它是我们唯一可以寄居的地方。这里的物产是如此的丰富，似乎是造物主有意为我们准备的宝贵资源，但假如我们不能够有效地节约利用它们，相反，还要肆意地进行不休止的浪费，那么后果是可想而知的。我们可以仔细衡量一下我们每天做的事情，也可以好好计算一下我们每分每秒都要消耗掉多少能源，或许有些人认为这种计算似乎根本就是一种多余，但假如我们每天能够想一个办法，为自己也为未来的后代多节省一些能源，以此来保证未来世界的可持续发展，也不是一件多么困难的事情。

在圣母院大学看来，任何能源都是相当宝贵的，都是容不得有半点浪费的，我们必须将其进行全面化的利用，让它最大化地为人类服务，而不是在无休止的浪费中将后代的能源也一并化为灰烬。因为所有人都应该秉持这样一个信念，那就是我们没有必要因为自己的存在而给后来

人制造太多的麻烦。假如我们真的很爱我们的孩子，也很疼爱我们孩子的孩子，那么至少从现在开始，就要尽可能地为他们的明天做最大程度的准备和设计。爱并不在于当下的行动，也并不是一句虚空的口号，它需要计划性，需要长时间的验证。正犹如这个世界，需要所有人共同的奋斗，才能切实做到长长久久的可持续发展。

> 圣母院大学教育箴言：
>
> 　　世界是人类共同美好的家园，而事实上到目前为止它是我们唯一可以寄居的地方。这里的物产是如此的丰富，似乎是造物主有意为我们准备的宝贵资源，但假如我们不能够有效的节约利用它们，相反，还要肆意地进行不休止的浪费，那么后果是可想而知的。因为所有国家都在不断地进行着节省能源的科研项目，假如我们可以考虑到自己下一代的未来，尽可能地从自己的嘴里为他们每天省下那么一点点，说不定就可以帮助他们度过最为困难的时期。我们没有必要因为当下自己的存在而给后来人制造太多的麻烦，为了人类的后世子孙能够在这个美丽星球上安居乐业，我们必须想尽一切办法为明天的可持续发展而努力。

第五章
拓宽我的视野，只为放宽你的心境

地球有多少潜力，等待着发现它的人们

你真的了解这个世界么？你真的认为你已经知晓了它的一切秘密么？不！地球好似是一个大宝库，里面还有无数尚未发掘的潜力等待着发现它的人。假如我们可以有效地预见到这一点，并怀着一颗好奇的心，利用手中的知识不断地去验证这些潜力的效应，那么最终就必然会得到潜力所带来的巨大收获。

假如有人问你：一个人有多少潜力可以挖掘，或许你会支支吾吾地回答出很多很多，但你永远也不会自信地告诉对方自己真的回答全面了。同理，对地球这个美丽的蓝色星球，对于这个充满神奇色彩的奇妙世界，又有谁能够断定它能够给我们带来多少惊喜呢？事实上，这个世界上有很多不可能都是可能的。这一切的潜力就好比是藏匿在不同命运的机遇，假如你不去用心找它，它肯定不会来到你的身边，相反假如你可以用心地去探索它，发现它，它就会最大限度地为你提供便捷，让你收获意想不到的财富和惊喜。

这就是地球的神奇之处，它的潜力隐藏在无形中，就看你愿不愿意去发现它，研究它，并对它不断地进行改良和加工，最终让它以最为完美的方式更好地为我们服务。就拿能源这件事情来说，早在很早以前，人类根本就不知道这些东西对自己有这么大的利用价值，而当真的发现

它的一些价值以后也只不过用它制造一些简单的生活用品。而经过现在的科学技术研究后,很多看似简单的能源利用被赋予了更为奇妙的科技色彩。我们利用简单的能源材料演绎出了各种各样的新型产品,而这一系列的产品都为我们今后的发展提供了相当完美的基础和资本。

茱莉亚今年25岁,在圣母院大学读研三,努力复习准备继续攻读博士学位。对于能源的开发和改造,她的认识也是在大学中由浅入深的。她说当自己学会了开车,燃油价格从不到1美元1加仑涨到3.5美元1加仑,每个人以至整个航空业都感到这一点对于自我花费而言无异于翻了好几翻。假如有机会去机场,我们就能意识到那里的飞机一天要耗费多少用油量,而这又对整个世界范围内的资源燃料使用造成哪些影响。

如今茱莉亚开始致力包括如何更高使用涡轮效率这方面的科研项目,涡轮效率的提高将大大提升发动机的效率。目前我们每年都要用掉近200亿加仑的燃料,假如其效率可以提高近1%,就完全可以节约近10%的燃料,如果一年节省20亿加仑燃料的话就完全具备了造福地球的能力,通过不断的实验室研究,如今已经有了初步的成果。

长年以来,圣母院大学始终致力满足涡轮研究的工业需求,15多家大型企业,包括波音、洛克希德·马丁、霍尼韦尔、通用。令人难以置信的是,圣母院大学的研究生都有机会参与到这个项目的科研活动中来,他们用自己年轻态的创新思想,为这一项目提供了不少解决问题的方法,也同时因此而收获了很多意料之外的机会。

通过圣母院大学的大胆尝试,我们不难看出一个人的潜力是有待于挖掘的。在这些重大项目中,他们不排斥将年轻人作为骨干力量,大胆挖掘他们身上最为闪亮的内在潜质,尽最大可能地推动他们的思考力和创造力,为的只是向世界证明,这个世界上没有任何一个人,没有任何

第五章
拓宽我的视野，只为放宽你的心境

一件东西是没有潜力的，只要我们用心地去开发它，不断地深入研究它，就必然可以从中得到很多意想不到的收获。

地球是那么富有传奇色彩，它孕育了富有智慧的人类，也在他们的文明下被赋予了更深刻的意义。不管什么时代、历史的哪一个环节，人们都没有放弃过对世界潜力的自我挖掘，正是因为这种锲而不舍的精神，这个世界才在历史的演变下绽放出了瑰丽的光彩。尽管当下我们处在科技发达时期，但我们依然不能放弃自己对于世界的执著探索精神。事实上，这个世界还有很多领域需要我们用心去探索，只要我们能够有效地将这一切挖掘出来，说不定就可以很好地解决当下人类面临的诸多难题。

圣母院大学始终坚信，只要我们自己不放弃，那么世界就必然不断地带给我们惊喜。时下，他们正在进行着维护世界的各个方面的努力，希望能够利用自身的科研成果帮助这个世界，改造这个世界，将世界变得更加美好。茱莉亚不过是一个25岁的年轻人，却已经开始进行这样一个节省能源的高难度科研项目，由此看来，在未来的社会发展中，只要我们秉持着愿意为世界谋福的信念，就一定可以在开发自我潜能的同时看到更多地球给予人类的希望。事实上，这个世界没有什么不可能，潜力是没有极限的，它始终都在等待，等待着那个为它而努力奋斗的人，等待着那个为了发现它而执著坚持的恒久力量。

> **圣母院大学教育箴言：**
> 地球是那么富有传奇色彩，它孕育了富有智慧的人类，也在他们的文明下被赋予了更深刻的意义。不管什么时代、历史的哪一个环节，人们都没有放弃过对世界潜力的自我挖掘，正是因为这种锲而不舍的精神，这个世界才在历史的演变下绽放出了瑰丽的光彩。

没错，我们生活在太阳系中最美的一个星球，而这个星球上还藏匿着无数尚未开发的潜力。这一切就好比是藏匿在不同人生命中的机遇，假如你不去用心找它，它肯定不会来到你的身边，相反假如你可以用心去探索它、发现它，它就会最大限度地为你提供便捷，让你收获意想不到的财富和惊喜。

第五章
拓宽我的视野，只为放宽你的心境

当下的发奋，是要帮你规避未来的纠结

对于当下人来说，自己的每一天似乎都要因为各种选择而陷入纠结。的确，每个人都有属于自己的纠结，假如我们能够预见性地提前知道这些纠结来源于哪里，是不是就可以有效地规避它们的呢？事实上，很多事情只要找到关键环节，就可以有效地规避很多我们不愿意看到的事情，从而让身边每一个人的人生变得更加美好。

生活在目前的世界当中，或许你根本没有意识到自己未来很可能要面临怎样的纠结。或许当这句话说出口的时候，你的心里会生出一种不悦感。一切都还没有发生，为什么要下这种定论呢？但事实上，我们每天都在面临着这样的问题。有些时候我们自己甚至都能知道某些事情肯定会给自己带来诸多负面影响，但因为某些原因，自己还是会按照预定的轨道去做。结果一切犹如我们想象的那样，纠结就这样接踵而至，给我们的生活带来了诸多不便和困扰。

事实上，假如我们能够提前对这些预见性的问题作出反应，或许诸如此类的纠结就不会成为我们未来将要面对的难题。圣母院大学长久以来都教育自己的学员，当下之所以要努力学习，就是为了帮助更多的人预见到未来他们很可能要面临的难题，并在一切还没有发生之前，有效地帮他们解决掉。这是一个浩大的工程，因为问题总是会发生，即便是

能够预见到,也要对这个预见性的问题提出很多很多假设和应对策略。世界就是这样不断地向前推进,我们真的无法估量在不久的将来,自己还要面临多少难题。因此,假如我们真的想为自己,为别人解决更多的问题,必须需要持之以恒的奋斗精神,需要保持自己的激情和耐力,将这种选择变为自己生命中最为重要的事情。或者说,那就是我们人生中的伟大理想。

如今,我们不难看到由于时代的演变,不管是一个人还是整个世界都在悄然发生变化,而在这种变化中,必然要经历诸多的矛盾冲突,当然还有每个人在面临做与不做时的多重选择。正是在这些事情的衍生下,诸如疾病、灾难、能源消耗、环境污染、经济危机、暴力事件、贫富不均等一些列的问题就摆到了所有人的面前,一时间让我们不知所措,因为其中的很多事情我们早就知道,但当他们来临的时候我们仍然感到措手不及。

飓风"艾琳"于美国东部时间 2001 年 8 月 27 日强有力地袭击了美国的东海岸,其强力的风暴使得美国的航空、电力等行业都受到了相当严重的干扰。数以千计的店铺都因此而歇业,大量居民无法都外出,超过近 400 多万的住户和企业电力瘫痪,除此之外还有很多人在这场飓风的侵袭下不幸遇难。美国政府研究部门指出,"艾琳"的到来已经使 2011 年成为美国有史以来自然灾害最多的一年。

时至 2013 年 4 月,美国南部数州都遭到了龙卷风袭击,近 300 人在这些袭击中丧生。以损失最重的阿拉巴马州为例,其先后发生的约 140 次龙卷风,已经有超过 130 人因此丧生。据美国气象部门说,在此之前美国已经有 40 多年没有经历如此强大的龙卷风了。其破坏力直接影响了农户、牧场主的生计,并导致许多人蒙受严重的财物损失。

第五章
拓宽我的视野，只为放宽你的心境

此前专家预测，"艾琳"到来将会给美国造成巨大破坏，其经济损失很可能高达 350 亿美元，相当于整个纽约市年度财政预算的一半。而此次飓风所造成的经济损失对于早已疲软不堪的美国经济来说，无疑是雪上加霜。

看到了诸如此类的灾难，作为当下世界的一个公民，我们又该作何感想呢？的确，这个世界随时都可能发生一些让我们惊心动魄的事情，但这些事情并不是没有预兆的。事实上，有些时候我们也可以通过自己的常识，知道在未来很可能会发生这类的事情，但自己的内心总是存在着一种侥幸心理。有时候我们会想，或许不会，或许他不会来得那么快，或许一切不过是自己想多了而已。就这样在无数的或许中，我们很多预防措施都没有来得及做，而当我们不愿意看到的一切真的接踵而至，似乎一切都已经没有了从头再来的余地。

圣母院大学从经济学、地质学、环境保护和能源开发等各个专业知识入手，对未来可预见性的问题进行了深入的研究分析，希望能在这一系列问题没有发生之前找到有效预防和解决问题的相关办法。长久以来，这所富有天主教精神信仰的高等学府已经为社会输送了无数优秀的人才，而他们已经在各自的研究领域做出了相当不错的成绩。不但最大限度地帮助当下的人们解决了很多困难和痛苦，还有效地缓解和预防了未来有可能发生在人类身边的灾难和纠结。如今圣母院大学仍然在进行着一系列的研究，希望能够通过自己的努力继续帮助更多的人扫平生活中的纠结，不管它发生在当下，还是有可能会发生的未来。

> 圣母院大学教育箴言：
> 我们不难看到，由于时代的演变，不管是一个人还是整个世界，

都在悄然地发生变化,而在这种变化中,必然要经历诸多的矛盾冲突。正是在这些事情的衍生下,诸如疾病、灾难、能源消耗、环境污染、经济危机、暴力事件、贫富不均等一些列的问题就摆到了所有人的面前,一时间让我们不知所措,因为其中很多事情我们早就知道,但当它们来临的时候仍然让我们感到措手不及。假如我们可以通过自己的奋斗提前规避未来的诸多纠结,那么这个世界必将因为我们的努力而还原到一个相对平和幸福的时代。

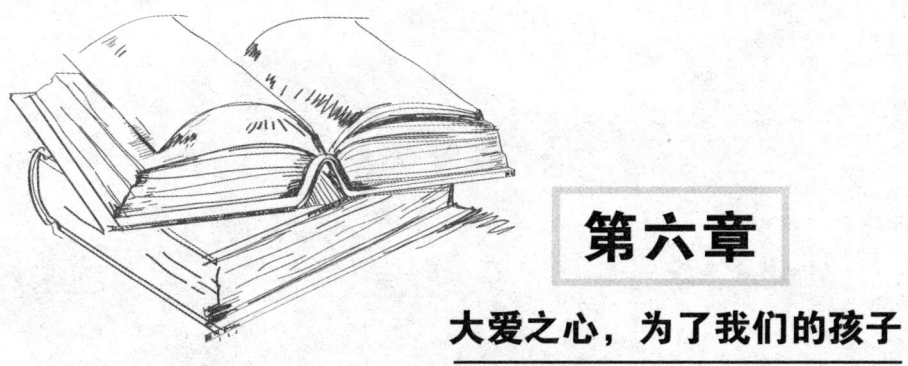

第六章

大爱之心,为了我们的孩子

孩子承载着父母的希望,是父母生命的一种延续,是用一种真挚感情演绎出来的成果,与此同时孩子又是一个国家的希望和未来,承载着整个国族的使命和期待。这个世界上,没有任何一对父母是不爱自己孩子的,当我们在为自己孕育的生命不断倾注爱心的时候,有没有想过这个世界上还有很多孩子正在翘首期盼着我们的帮助?即便当下我们还很年轻,但总有一天也会为人父母,我们难以想象那些稚嫩的双眼在无助之下将会是怎样的手足无措。事实上,对于孩子,我们很多人都是有能力为他们改变命运的。假如我们可以通过自己的努力完美他们的心灵,假如我们可以在他们最可塑的阶段帮助他们树立起优秀的特质和人格,那么不论是对于一个家庭还是一个国族来说都不失是一件善举。没错,大爱之心,不仅仅倾注于自己的下一代,我们的责任是让更多的孩子承载希望,从而将命运转折的完美结果一次次地传递下去。

第六章
大爱之心，为了我们的孩子

假如有一天我们为人父母

父母可以说是孩子的第一任老师，父母的一言一行，其实都左右着孩子的目光，孩子是听着我们的话语看着我们的行为一天天长大的，我们的言行也会直接影响到身边的孩子。因此，假如有一天我们为人父母，就一定要用自己的爱心去对待他们，要注意自己的言行，要让他们懂得爱的涵义，因为只有在爱中长大的孩子才会心中有爱，才会把这份爱分享给其他人。如果想让我们的孩子们成长在阳光下，父母就必须这样去做，只有这样我们的人生才会更精彩，孩子们也会更加优秀。

每个孩子都像一张白纸，父母在上边画什么就是什么。万一不小心画错了，再修改就没那么容易了。作为家长，应该尽自己最大努力让孩子生活在一个充满爱意的家庭中。如果孩子从小生存的空间总是阴云密布，孩子的内心就会受到很大影响，从而造成各种缺陷。

其实我们都明白，父母有多阳光，孩子就会有多阳光，在爱中长大的小孩会飞得很高，很远。我们用理性去对待孩子的健康成长，提高我

们自身素质是教育孩子的关键,即便是那些所谓的"问题少年",他们的背后,也都会有问题父母。当我们的言行总是不得体的时候,就会在无意间让孩子受到伤害。所以,家长朋友们一定要明白:想要让孩子学会爱,自己先要付出爱。每个孩子都喜欢被善待,他们需要一个快乐的成长环境。幸福的孩子大多有相同的特征,诸如乐观、自信、善良等。一旦家长掌握了好的教育方法,就可以很轻松地把孩子的特性挖掘出来。其实,家长的希望就是孩子的未来,如果你希望自己的孩子以后能够幸福,那就别忘了每天把快乐带给孩子。

那么,家长们应该怎样做才能给孩子带来幸福和快乐呢?首先要做的就是教孩子学会关心他人。家长要让孩子从小就明白,自己是集体中的一员,自己有着独特的价值。想做到这点,家长就要给孩子更多接触别人的机会,让他们感受到温暖和友谊。比如,家长可以选一些孩子不需要的玩具送给孤儿院,或者让孩子自己挑一些物品捐赠给需要帮助的人。

在圣母院大学,通常老师们认为最迫切的任务就是要教会学生如何去爱别人,而这份爱也正是我们对待孩子所必须的。圣母院大学希望每一个学生都能够用爱心去对待每一个孩子,无论是自己的还是别人的。这会让孩子们看到这个世界的美好,并且在他们心中种下爱的种子。要知道,孩子不会因你供应的物质而记得你,他们会因你珍爱他们的感觉将你牢记。孩子给予世界的美好,更多出自他们心底的纯洁和善良。如果我们主动去要求孩子从小要学会接受别人,要成为对世界有用的人。"先人后己",那么,尽管孩子并不理解其中的含义,但却知道那是一种荣誉——所谓受人赞美的奉献精神。

前一段时间,珍妮女儿所在的学校号召为贫困孩子捐款,珍妮说:

"把你的零花钱拿出来捐一点吧。"孩子说:"不,要用你的钱捐。"珍妮听后觉得如果强迫她,也起不到培养她的爱心的作用。过了两天,电视上又播放一个7岁的小姑娘被烫成重伤,躺在医院里,正面临无钱医治的困境。珍妮赶紧把正在玩的女儿叫过来,让她看这个电视报道,问她:"这个小女孩可怜吗?你愿意把你的零花钱捐给她吗?"女儿看着电视上浑身缠满绷带的女孩,眼里含着泪水说:"妈妈,我愿意为她捐钱治病,她多疼呀!"看着孩子懂事而稚嫩的表情,珍妮的心里非常高兴,她知道女儿已经开始学着把爱分享给其他人了。

现代社会,人与人之间需要团结一致,共同努力来解决问题。也只有这样,个体的力量才能无限放大,自身的独立意识才能无限增强。作为家长,你不仅要教孩子学会生活,更要教他们学会如何做人,从小培养他们良好的品质,并将其看作是未来社会和每个个体得以发展的期望所在,让孩子在爱中成长。

在我们培养孩子的过程中,要注意引导孩子从积极的角度思考问题。有一些孩子非常有爱心,他们对人友善,乐于助人。对这种孩子,家长一定要从积极正面的角度继续引导他们。对孩子的正面行为要及时给予表扬和鼓励。这样,孩子体验到积极行为的结果,其付出的行为才会得以保持。不管是对孩子还是家长自身,我们都应该牢牢记住:只有充满爱的教育才能进入内心深处。前苏联有一位名叫马卡连科的教育专家说:"爱是教育的基础,没有爱就没有教育。"对孩子而言,没有爱的教育是失败的教育。每个人都要充分认识到,要在每一个孩子的内心深处播下爱的种子,引导他们热爱生命、热爱生活,就要让孩子充满阳光,勇于为自己的梦想努力。用爱心来培育爱心,是家长们培养孩子的基本准则。

所以,假如有一天我们为人父母,我们一定要好好爱自己的孩子,并且让孩子也学会去爱别人。这种爱的传承和发扬正是人类社会值得自豪的地方。就像圣母院大学所希望的那样,把爱和关心带给每一位需要帮助的孩子。做到了这一点,我们的爱才没有白白付出,这份爱给这个世界带来了积极向上的能量,无论是我们自己的孩子还是别人的孩子都会因此而受益,这个世界也会因此而更加美丽。

圣母院大学教育箴言:

我们要充分认识到,要在每一个孩子的内心播下爱的种子,引导孩子热爱生命、热爱生活、热爱科学,让孩子们充满阳光、充满梦想并成就梦想。用爱心来培育爱心,是我们培养孩子时要遵循的基本原则。要知道,孩子不会因你们供应的物质而记得你,他们会因你珍爱他们的感觉将你牢记。孩子给予世界的美好,更多出自他们心底的纯洁和善良。如果我们主动去要求孩子从小学会接受别人,成为对世界有用的人,即便当时他们根本就不理解其中的含义,却仍然可以在潜在意识中明白奉献是一种受人尊重和赞美的行为。

第六章
大爱之心,为了我们的孩子

孩子是家庭的梦想,也是国家的未来

孩子是一个家庭的生命延续,也是家庭梦想的寄托,同时也是一个民族和国家生命力的延续,无论是对于家庭还是国家和民族,甚至是对于人类社会,孩子都是唯一的梦想和未来所在,因此关心儿童,是家长的责任,也是一个国家和社会的责任。我们必须意识到在这个世界上,还有许多地方的孩子们挣扎在生死线上,关注每一个孩子,不仅仅是关注自己家庭的未来,也是关注整个国家乃至整个人类社会的未来。

在非洲南部的一个小村庄,麦克4个孩子中的3个都死于一种少见的脑科疾病,在目前的医学治疗条件下,这种病是没有办法治愈的。而且事实上,即使这种病目前有治愈的可能,对于麦克来说,他也没有足够的经济条件去治疗,因为跟村子里许多家庭一样,他们只能依靠极少的救助粮食维持生活。麦克只能眼睁睁地看着他的孩子一个个离开人世,"没有什么比这个更可怕了",他这样形容自己的生活,他已经看不到生活的希望。

这其实只是许许多多非洲家庭的一个缩影,除了疾病,饥荒也被认为是非洲面临的最严重问题之一,3人中平均就有1人营养不良。据联合国儿童基金会统计,在5岁以下的非洲儿童中,38%的儿童身高偏矮,28%的儿童体重偏轻。在非洲这片美丽的土地上,疾病、饥荒、战乱、

缺乏饮用水……仍是这片土地上的人民面临的严峻问题。非洲儿童是这些问题首当其冲的受害者,一个个孩子在苦难中挣扎,一个个家庭因此而陷入绝望,看不到未来,这些国家也因此无法摆脱贫穷落后的现状。

如今世界上成立了许多致力帮助儿童的机构和组织,比如联合国儿童基金会,这些公益慈善组织致力帮助那些苦难中的孩子,帮助他们改善生活,接受更好的教育。每一个孩子都是一个家庭的希望,也是一个国家的希望,公益组织希望通过这样的帮助,为那些贫困国家和地区的家庭带去希望,也为这些国家和地区带去发展的希望,只有孩子们健康成长并且得到良好的教育,未来家庭和国家才有可能变得更加美好。

Ara Parseghian是圣母院大学的前任美式足球教练,他所建立的Ara Parseghian医学研究基金会致力为那些患上罕见疾病无力治疗的孩子们提供帮助。最初他有3个孙子孙女死于一种目前无法医治的罕见疾病,痛苦过后,他开始意识到还有更多处在类似境况中的孩子需要帮助,于是他成立基金会,与其他一些医疗以及公益组织合作,为更多的孩子和家庭提供帮助。在圣母院大学的罕见疾病研究中心,卡德瑞教授正努力为开头提到的那种疾病寻找解决的方法。对于这个世界上那些不幸的孩子来说,很多疑难杂症就像是死刑,不仅仅剥夺了他们的梦想,他们的生活,甚至连生命的机会也被剥夺。为了这些孩子和他们的家庭以及他们的国家,圣母院大学致力填补这个医学上的无底洞,作为前沿科研型大学,圣母院大学与莉莉基金会,以及Ara Parseghian医学研究基金会合作,试图寻找这种病和其他疑难杂症的治疗方法。这样的努力不仅能够帮助那些孩子们改变自己的人生,也能够帮助他们的家庭改变命运。儿童是一个国家未来的希望,因此,为这些孩子们留下希望,便是为一个国家创造未来。

第六章 大爱之心，为了我们的孩子

在圣母院大学看来，这样的做法不是简单的生命救助，圣母院大学鼓励每一个人去关注和帮助世界上那些需要关心和帮助的孩子们，这种关注并不仅仅是为某个儿童提供帮助带去希望，更重要的是在救死扶伤的同时，以最大的努力呼吁整个人类社会关注儿童的生长环境，避免儿童在成长过程中因为种种原因而受到伤害失去梦想，失去生存和接受教育的机会，只有越来越多的人愿意投身到关注儿童的活动中去，才会有更多的家庭得到拯救，那些原本贫困落后的国家也会因此而加快发展的步伐，这才是圣母院大学最希望看到的。

在中国国内，每年有许多儿童因为家庭贫困而无法接受教育甚至因疾病无力治疗而死亡，这些孩子都是一个个家庭的梦想，也是我们国家和民族的未来，他们的遭遇是对整个国家和民族的巨大考验。每一个人都要意识到这些问题的严重性，尽自己最大的努力去帮助这些孩子，因为帮助他们，其实就是在帮助我们自己创造更好的未来。

孩子是需要我们去呵护的花朵，幸福的童年时光在每个人的一生当中只有宝贵的一次。孩子只有在舒适安全的环境中健康成长，才能成为祖国明天的栋梁和希望。值得欣慰的是在国内也已经有了许多以关注儿童帮助儿童为宗旨的公益组织，他们以儿童健康成长为己任，提出了"反贫穷、反暴力、反歧视和反不公、反约束"的理念，旨在改善和优化儿童的生存发展环境，提高地区儿童的综合素质和能力，为进一步提高儿童的生活质量和整体素质做出贡献。要知道，每个孩子都有属于自己的梦想，他们有的希望成为救生员，有的希望成为舞蹈演员，还有的希望成为教师或者科技工作者，这些小小的希望并不仅仅是一个孩子或者一个家庭的梦想，而是我们整个国家整个民族的梦想，看到那些因为生存条件恶劣而愿望破灭的孩子，是一件多么可怕和令人难受的事情。

事实上，孩子对于一个国家一个民族发展具有着相当重要的意义。孩子承载的是一个家庭的梦想，也是一个国家的梦想，在当下这种特殊的环境下，确保下一代的健康教育必然是摆在全人类面前的一件非常重要的事情。对于孩子而言，不论是从体质教育还是从素质教育上，都会与未来国家的发展有着必然的联系。假如一个国家大多数人都因为某种原因而没有得到很好的引导教育，那么这个国家的未来绝对是让人忧虑的。从这个问题上我们不难发现，不管孩子身在哪里，不管他身在什么样的家庭，他首先确立下来的身份是这个世界上的公民，其次他属于自己的国家，承载着一个国家的希望。

基于这些重要因素，长期以来圣母院大学都把孩子的教育问题纳入到了自己的重大研究课题之中，他们希望能够通过培育更优秀的老师，来完善下一代的整体素质；希望通过更多的培训来帮助孩子的父母掌握教育引导孩子的正确方法；希望通过自己的努力和不断的奋斗，利用教育的有效工具推动整个世界的发展进程。事实上，世界需要不断地延续希望，只有当一个国家的儿童拥有好的生存环境，拥有好的教育和全社会的关怀，他们才能自由放飞心中的梦想，这些小小的梦想会为他们的家庭带去幸福，也会为整个国家乃至全人类带去希望和发展的动力，关心孩子就是关心我们的未来，让我们一起努力，为帮助那些需要帮助的孩子们而努力。

> 圣母院大学教育箴言：
> 孩子是需要我们去呵护的花朵，幸福的童年时光在每个人的一生当中只有宝贵的一次。孩子只有在舒适安全的环境中健康成长，才能成为祖国明天的栋梁和希望。事实上，孩子对于一个国家一个

第六章

大爱之心，为了我们的孩子

民族的发展具有着相当重要的意义。孩子承载的是一个家庭的梦想，也是一个国家的梦想，在当下这种特殊的环境下，确保下一代的健康教育必然是摆在全人类面前的一件非常重要的事情。假如我们能够多给这些孩子一些帮助，为他们更好地规划明天，那无异于正在经营一项培育希望的伟大工程，即便我们不能永久地陪他们，但至少我们成就了一个国家美好的未来。

努力为孩子培养一流的老师

如果说给孩子建造成长摇篮的是孩子的父母,那么老师就是为孩子插上翅膀飞翔的那个人。人类社会之所以能够一直向前走,正是因为人类把短暂生命过程中所得到的知识和成就一代又一代地传承了下来。也正因为有了老师,整个人类发展过程中对于知识的探求才有了积累的可能,我们在学习知识的过程中才得以站在前人的肩膀上,看得更远,飞得更高。因此,为孩子们培养最一流的老师,是整个人类教育事业的灵魂所在。

教师对于这个世界上每一个孩子而言,都是至关重要也是不可缺少的。就目前的人类社会而言,那些贫困落后地区儿童们面临的重大危机归纳起来只有两个,那就是粮食和教师的缺乏。解决落后和贫困,不仅仅需要有粮食维持生命,更需要有教师去传播知识,从而真正摆脱落后和贫困,改变命运。但是我们也不得不承认,在当今全世界范围内,尤其是那些发展相对落后的地区,教师的缺乏是一个不得不面对的问题。曾经有机构作出过统计,在撒哈拉以南非洲贫困地区的教师缺口达到111.5万名,占全球教师缺乏人数的一半以上。紧随撒哈拉以南非洲地区之后,阿拉伯国家大约缺少24.3万名教师。南亚和西亚、北美和西欧分别缺少教师29.2万和15.5万名。中东欧、中亚、东亚、拉美及加勒比地区的教师缺口约占全球的10%。同时,这份调查报告指出,如

果考虑到教师退休、患病、改行等因素，2009年至2015年间全球的教师缺乏人数将超过600万名。

而且，教师缺乏的现象并非仅限于发展中国家和贫困地区。美国、西班牙、爱尔兰、意大利和瑞典同样被列入112个教师人数不足的国家。在美国洛杉矶的中南部，那里曾经是一个让人们看不到希望的地方，充满了暴力和毒品，许多孩子在高中时代就早早辍学了。教育事业的衰败让这里的教师数量越来越少，这是一个可怕的恶性循环，没有优秀的教师，没有在课堂上学到的知识，这里的孩子们只会离知识越来越远，社会发展状况也只会越来越糟糕。从这个城市的境况我们完全可以看到世界上更多缺乏教师的国家和地区的现状。无论对于任何一个社会而言，孩子和年轻人都是社会发展的希望所在，如果没有一流的教师为他们提供良好的教育，那么失去发展机会的不仅仅是那些孩子，也包括整个社会。

圣母院大学作为世界一流的大学，很早就留意到了这个状况。学校的一些优秀教师和学生共同创办了天主教教育联盟，这个联盟致力于为美国的天主教学校培养一流的教师，此外它还致力于帮助那些缺乏教育资源的地区和学校。前面所提到的美国洛杉矶南部地区，就是天主教教育联盟提供帮助的地点之一。圣母院大学的老师和学生们认为，要改变这一地区的发展现状，只能从提高孩子们的教育水平着手，而要想让孩子们接受更好的教育，唯一的方法就是让他们尽量留在学校，并且为他们提供一流的教师。

最初当他们来到这里时，面对整个地区的教育资源缺乏和孩子们对于教育热情度的匮乏，使得天主教教育联盟的工作举步维艰，但是这并没有让圣母院大学的优秀学生们退却，他们凭借执著的热情为这里的

教师们提供帮助,培养出了一批又一批优秀的教师。如今,他们的付出取得了显著的成效。在这里,曾经一度只有两个八年级学生愿意选择继续上高中,在圣母院大学的教育联盟的师生们来到这里7年后,有超过85%的学生会选择继续进入高中学习,而且他们所有的申请都被录取,还有许多刻苦学习的学生获得奖学金,这个改变不仅仅体现在孩子们的身上,我们会看到许多家庭开始把他们的希望寄托在学校,寄托在那些一流的教师身上,他们开始希望通过学习去改变命运,并最终走出贫困。这也正是每一个圣母院大学的师生所希望看到的。

教师可以说是孩子们在接受教育的过程中最宝贵的营养。英国教育家罗索说过:"凡是缺乏教育缺乏老师的地方,无论是孩子的品格还是智慧,都不可能充分或自由的发展。"教育的本质其实就在于老师,在于老师心中对于知识和孩子的热爱。一个一流的老师对于孩子们而言,可以说是他们梦想种子的播种者。圣母院大学致力于培养的一流教师,并不以专业知识和学历水平为标准,而是以教师心中对孩子们的爱为标准,只有一个真正爱孩子爱学生的老师,才能为孩子们插上梦想的翅膀。无论是在美国还是在非洲,无论一位教师的身份和能力如何,只要心中有爱,对于那些亟需知识滋养的孩子们而言,他就是世界上最一流的老师。

圣母院大学坚信"爱"是推动教育创新的动力之源,学校在教学的过程中也致力于推进教育改革,致力于确立更高的教育目标和更先进的教育理念。尽管已经认识到理想与现实往往有很大的反差,也一定要坚持教育的目的是促进每一个学生健康成长,学校希望把这个理念传承给那些优秀的教师,并通过这些教师把这一理念融入到他们对孩子们的教育之中。一流的老师会致力于培养学生的创新素养,注重知识技能、过

第六章 大爱之心，为了我们的孩子

程方法、情感态度、价值观的全面教育，他们对学生始终怀着最深厚的爱，他们坚持以学生发展为本的教育理念，致力于培养学生的学习习惯、学习兴趣、创新思维和道德人格。这一切，都源于对孩子们的爱，源于对孩子们成才的责任感。有了这一点，教师就能自觉地把爱心转化为责任心，进而把责任心转化为先进的教育理念和教育方法。正是从这个意义上说，大爱，是一个一流的老师所必须具备的一项特质，这也正是圣母院大学希望学生们明白的一个道理。

圣母院大学的天主教教育联盟至今仍然在运作之中，他们通过一批又一批师生的不懈努力，努力把优秀的教育理念输送到那些缺乏教育的国家和地区，他们通过培养一流的老师，为那些教育事业相对落后的地方提供教育发展的原动力。他们清楚，只有培养出一流的老师，才是解决教育落后问题的根本所在，也是那些贫困地区孩子们改变命运的希望所在。整个人类社会也已经意识到了这一点，1966年10月5日，联合国教科文组织和国际劳工组织共同签署了《关于教师地位的建议书》。为纪念这一天，自1994年起，每年的10月5日被定为"世界教师日"。人类社会正通过这种方式激励更多一流的教师投身于落后地区的教育事业，因为，只有这样才能从根本上改善人类社会发展不均衡的现状。

> 圣母院大学教育箴言：
> 无论对于任何一个社会而言，孩子和年轻人都是社会发展的希望所在，如果没有一流的教师为他们提供良好的教育，那么失去发展机会的不仅仅是那些孩子，也包括整个社会。对于教育，我们必须坚信"爱"是推动教育创新的动力之源，学校在教学的过程中也致力于推进教育改革，致力于确立更高的教育目标和更先进的教育

> 理念。尽管已经认识到理想与现实往往有很大的反差，也一定要坚持教育的目的是促进每一个学生健康成长，学校希望把这个理念传承给那些优秀的教师，并通过这些教师把这一理念融入到他们对孩子们的教育之中。

第六章

大爱之心，为了我们的孩子

更多家庭会在学校中找到希望

在每一个孩子眼中学校是一个自己吸纳宝贵知识的神圣殿堂。而在很多家长眼中，那似乎就是一个可以让孩子得到更好心灵塑造的地方。随着经济时代的到来，每一个家长除了要照顾好孩子，还要承担起整个家庭的经济收支问题，这也就意味着他们很可能在孩子到达一定年龄后没有太多的时间陪伴他们。也正是因为这个原因，曾几何时，他们开始更加期待借助学校的力量，让孩子有一个更加美好的未来。

时下，全球经济因为各种原因陷入了紧张的局面，而在这种整体经济下滑的过程中，各个国家的失业率都开始不断地上涨。尽管那不过是一个简单的数字，但这些数字却有着相当深远的潜在意义，那就是这个数字平均上涨一点，就意味着有很多家庭的家长已经没有了经济来源，而他们的孩子也很有可能会因为大人要努力的继续寻求就业方向，而得不到很好的教育。

曾经有很多教育家都在不断地呼吁："父母是孩子最好的老师。孩子的一举一动都需要父母的细心指导，因为在他的一生当中父母应该是陪伴他们时间最长的人。"但事实上，当孩子长到一定年龄以后，父母便不再是他们身边陪伴他们时间最久的人，相反他们为孩子找了一个自己认为更好的去处，那个地方就是学校。

纵观世界名人，尽管很多人在自己的记忆里会有很多自己和父母生活的点点滴滴，也对这一系列的点滴充满了感激之情。但假如问及他们对于自己理想的启迪，以及自己今后做事为人的道德标准，很多人首先想起的就是自己的老师。事实上，即便是普通人，但凡问及此事，很多人都会对老师这个职业心生敬意，与此同时还会深深怀念学校的美好时光。其间不乏一些人认为，从某种角度来说，学校给予自己的引导，往往要比自己的父母正确得多。

曾经有一个罪犯这样回忆自己的父母："记得我很小的时候，因为贪恋邻居孩子家的玩具，便在他不经意的时候顺手将其拿回了家。而当我的父母发现的时候，他们并没有对我进行指责，而是任由我自己去玩那个玩具。从那一刻我便开始意识到，不管什么东西，只要是我能够将其顺利地拿到我身边，那么这个东西就应该是属于我的了。于是当我长大以后，每当看到自己喜欢的东西，都会采取这种方式得到它，不管当时这个东西的真正主人是谁，我总是觉得，只要是我能够从他们那里将它拿到自己身边，那么我就可以成为它的主人。直到有一天，当我看到了一样的东西想去将其占为己有的时候，却被它的真正主人发现，他不但阻碍了我的计划，还做了一些让我很难堪的事情，于是从那一天起我的心就开始因为没有达到目的而充满愤恨。出于报复，我开始想方设法让他难堪，结果我真的不知道这家伙为什么运气那么好，每次都没有让我达到目的。于是我的仇恨越积越深，最终便有了彻底除掉他的念头。而最终我实施了这个计划，他死了，而现在的我也面临相当严峻的惩罚。说真的，我现在真的很恨我的父母，为什么当初在事情还没有那么严重的时候，没有对我的所作所为加以引导呢？他们似乎很在乎经济利益，没有时间对我进行很好的教育，

事实上我也真的没有接受过太多正规学校教育,而现在一切似乎都太晚了,我没有选择余地,只能面对现实的惩处。"

很多类似的悲剧仍然在这个世界上不断地上演着。在圣母院大学看来,父母的教育是要与正规学校的教育彼此配合的。人最重要的是心灵的塑造,而孩子由于年龄尚小,对于很多事情的认知态度还不明确,因此更是需要正规教育的介入,帮助他们树立起良好的道德标准,告诉他们哪些做法是正确的,哪些做法是不正确的。与此同时,作为一个成年人,老师和家长应该不断地帮助孩子强化内心的理想,树立他们的信仰高度,只有这样他们才能承载起自己的未来,承载起一个家庭的希望。

但事实上,由于各种原因,很多父母并没有把这件事情放在最重要的位置上,或者有些时候他们也会有自己的诸多难言之隐。有些父母坦言,当下经济形势就是这样紧张,自己有一份工作没有失业就已经很不错了,因此对于当下的从业机会自然会更加珍惜。毕竟对于一个家庭来说,父母对于家庭的经济收支在孩子没有成年之前是要完全承担义务的。可在当下的情形中,即便是自己保住了饭碗,也必将面临更为繁重的工作压力。这也就意味着,他们很可能要牺牲更多与孩子朝夕相处的时间。即便如此,出于对自己孩子未来的美好期待,很多父母都开始将关注点集中在学校的身上。

从教育角度来说,学校无论从教育力度,还是从专业水平来说都要比父母专业得多。尽管从某些领域来说,他们代替不了父母对于孩子的亲情热爱,但在培养孩子道德修养这个问题上还是可以发挥相当重大的作用。在圣母院大学看来,孩子的教育问题绝对是一项相当重大的工程。它承载着孩子的美好未来,一个家庭的憧憬期待,也是整个国家的热切期盼。这是一个伟大的事业,即便是父母因为各种原因无法正确引导孩

子未来的方向，作为学校这样一个特殊的教育机构，也必须承担起他们心灵培育的重要责任。

如今圣母院大学已经为国内乃至国外的很多学校源源不断地输送了很多教育人才。他们希望这些优秀的学员能够更好地帮助各地区的孩子，使得他们在收获了丰富知识的同时，获得一颗正直、善良的完美心灵。在圣母院大学的学员看来，孩子就好像是一朵尚未绽放的花，假如想让他们如约绽放，就需要对其进行精心的培育。而学校就是这样一个培育未来之花的圣所，作为一个有能力成就孩子未来的人，就应该尽心尽力地给予他们最大限度的帮助和引导。假如每个人的人生都为自己的理想而努力奋斗，那么他们的理想就是能够在学校这一圣所中帮助孩子和他们的家人铸就更多的希望。如今还有不在少数的学员正在圣母院大学进行着刻苦的学习，他们不断地吸收着知识，也不断地完善着自己的人格，坚固着自己的信仰，为的就是让更多的家庭能够在学校中找到希望，让更多的孩子因为他们的存在而顺利地实现心中的目标和理想。

> **圣母院大学教育箴言：**
>
> 人最重要的是心灵的塑造，而孩子由于年龄尚小，对于很多事情的认知态度还不明确，因此更是需要正规教育的介入，帮助他们树立起良好的道德标准，告诉他们哪些做法是正确的，哪些做法是不正确的。而学校就是这样一个培育未来之花的圣所，作为一个有能力成就孩子未来的人，就应该尽心尽力地给予他们最大限度的帮助和引导。假如每个人的人生都应该为自己的理想而努力奋斗，那么他们的理想就是能够在学校这一圣所中帮助孩子和他们的家人铸就更多的希望。

第六章
大爱之心，为了我们的孩子

帮下一代改变命运，助下一代走出贫困

即便是像美国这样富饶的国家，也免不了有很多区域的人民在忍受着贫困给命运带来的影响。因为贫困，这里的孩子几乎没有太多接受教育的权利。他们很早就要寻求工作，为家庭分担经济压力，然而这种恶性循环将直接导致一个可怕的结果，那就是这里的人始终难以摆脱贫困的命运。

人们常说，一个国家是不是真的走向了进步，首先要看的是它国族之内公民的集体文化素质有多高。事实上，文明的社会必然需要这个体系的人群不断完善自身的个人修养，且不断完善自己对下一代的培养教育，让他们具备更丰富的知识，树立为整个国家和人民谋福的信仰，只有这样他们才能够在成人以后担负起整个地区乃至整个国家的建设使命，在国家需要的岗位上发挥作用，从而更好地推进国家的稳步发展。

事实上，即便是在一些发达国家，与其强大的经济势力形成反面对比的，是国内一些区域仍然处于贫困状态。在那里他们仍然无法通过自己的努力解决自身的温饱问题，且仍然过着相当落后的生活。为了维持生计，很多孩子等不及接受教育就开始想办法寻觅一些工作，用赚来的那点微薄的收入补贴一家人的生活花销。当他们长大成人以后，由于没有接受良好的教育，很多人依然从事着最为低级的体力劳动，他们对于事物的看法和认知，似乎与他们的长辈相比没有太大的改观。

作为一个已经享有很好教育机会的幸运儿，或许很多人都没有想过那些生活在贫瘠土地上的人究竟在忍受着怎样的伤痛，面对不知如何改变自身命运的现状，那些幼小的心灵是不是也会有难以言表的绝望呢？事实上，不管是生活在哪里，只要给他们一个机会，让他们能在可以成长培育的时间范围内接受良好的教育，那么当他们成人以后，说不定就可以承担起整个地域建设的重任，甚至可以凭借自己的知识储备改变当地民众的整体命运。

看看当下这些孩子父母的生活，我们就不难发现，真正的贫困并不是源于他们的懒惰，其原因往往出自他们认识上的落后。对于一些贫困家庭来说，活着才是他们人生当中的第一要务。因此，对于孩子的教育问题他们没有进行进一步的考虑，事实上这也是可以理解的。人们往往会在第一时间解决最需要解决的问题，假如自己的生存都受到影响，那么又怎么能有剩余的精力去关心孩子的教育问题呢？

对于这件事情，圣母院大学的师生对其给予的高度关注，他们认为人生来是平等的，每个孩子都应该拥有接受教育的权利。不管他们生在哪里，是富有还是贫穷，人人都肩负着上天安排的使命，那就是让这个世界因为他们的存在而出现良性的改观，让很多人因为他们的出现而扭转了人生的命运，让整个国家因为他们的存在而得到了进一步的飞速发展。孩子是未来的希望，人们之所以会选择延续后代，最重要的就是为了延续自己的希望。假如自己的后代与自己一样都在过着一成不变的贫穷生活，那么对于自己家族的未来而言必然会深陷迷茫，根本看不到任何改变命运的希望。为了还给孩子希望，扭转贫穷地区下一代的人生命运，圣母院大学作为一个富有信仰的大学率先行动起来，希望能够通过自己的努力为那些需要帮助的孩子提供力所能及的支持。

第六章
大爱之心，为了我们的孩子

圣母院的一名学生说："为了帮助那些缺乏资源的学校，我们经过努力，专门设立了一个特定地点，针对美国内城的问题儿童进行教育和引导。这里是为公众服务的地方，我们可以最大限度地满足社会对老师的需求。"

圣母院大学为了完善本土化教育质量，专门创办了 ACE 天主教教育联盟，专门为美国的天主教学校培养优秀的教师，起初一切进行得并不顺利，可如今他们已经培养了一批优秀的新老师，他们在自己的岗位上恪尽职守，真可以算是充实美国教育质量的重要功臣。

如今，在洛杉矶中南，当地的学校和学生，对于圣母院大学的鼎力支援可以说是感激之至。一位老师激动地说："他们为我们提供了所有我们需要的工具，而且真的带来了前所未有的教育成果"

不少家长开始因为圣母院大学的这一壮举看到了希望，看着孩子回到了课堂，且每一天都在进行着努力刻苦的学习，不少家庭而因此而充满期待。他们希望经过自己下一代的努力，能够改变整个家族的命运，最终让这片曾经看似无望的土地重新燃起希望的火焰，让这里更多的人从此摘下贫困的帽子，从此过上更好的生活。

人生是需要不断的努力才能看到一个完美结果的，在这条并不平坦的艰辛道路上，每一份支持和帮助说不定都会成为转变人生命运的一个巨大拐点。事实上，贫穷并不可怕，一时的挫败也不可怕，可怕的是我们从来没有想过如何去改变它，让自己和别人的人生从此与众不同。事实上，作为同龄的孩子而言，每个人不论从智商上还是从体能上总体来说都是相差无异的，假如我们能够给他们一个机会，最大限度的鼓励他们，支持他们走进课堂，感受知识的魅力，并为他们更好地规划明天，那么说不准在不久的将来其中不在少数的人会为自己的家庭、地区，乃

至整个国家带来不小的收获和惊喜。

圣母院大学始终坚持着自己的教育信仰，他们希望可以通过自己的努力帮助更多的家庭和孩子，为他们最大限度地争取教育自救的权利。在圣母院大学的师生看来，假如一个人可以凭借自己的努力改变更多人的命运，那么他必然会在自己的人生中留下最为光彩的一笔。或许我们不要求谁记住我们，但是我们首先考虑的是我可以为更多的人做些什么。是的，已有不少学员都加入这个伟大的行动，为了帮下一代改变命运，为了帮助他们走出贫困，为了让自己国家的明天充满希望，当下的他们一定会不断努力奋斗，因为他们知道这样的人生才是最精彩的。

> 圣母院大学教育箴言：
>
> 人生是需要不断的努力才能看到一个完美结果的，在这条并不平坦的艰辛道路上，每一份支持和帮助说不定都会成为转变人生命运的一个巨大拐点。人们常说知识改变命运，事实上每个孩子都应该拥有接受良好教育的权利。不管他们生在哪里，是富有还是贫穷，人人都肩负着上天安排的使命，那就是让这个世界因为他们的存在而出现良性的改观，让很多人因为他们的出现而扭转了人生的命运，让整个国家因为他们的存在而得到了进一步的飞速发展。

第六章
大爱之心，为了我们的孩子

幼小的灵魂，需要有人倾情塑造

当人类作为高等动物开始凭借自己的意识在众多物种中拔得头筹的时候，世界上就已经有了美与丑的划分。事实上真正的美与丑并不来源于外在事物，更多的应该是来源于我们的灵魂。正如人类对于这个世界的初始印象，孩子的灵魂总是充满了诸多的可塑性，假如我们可以动用自己的爱心，尽心地去雕琢他们，帮助他们，那么很可能在不久的将来，我们会看到一个非常优秀的年轻人，而事实上他有多半都是来源于你前期的杰作。

在我们成人的眼中，孩子是单纯的，是稚嫩的，是需要呵护的。的确，即便是成年人，我们也曾经有过做孩子的经历。那时候我们一切对与错的认知，一切有关于什么是美什么是丑的分辨，很大程度上并不是来源我们自己，而是来源于我们身边那些亲近的和不可亲近的成年人。当我们似懂非懂地用自己的双眼和双耳去倾听、去观察的时候，自己的内心就开始习惯性地揣测，他们彼此认知之中究竟有着哪些共同点，而这些共同点从某种角度来说，会最终成为我们判断事物的标准所在。

的确，每一个孩子都有一颗含苞待放的灵魂，这颗单纯的灵魂犹如一张白纸一般光洁，他需要人的指引，需要人的关心，更需要一个正确认知的参考。在圣母院大学看来，人生来平等，刚降生出来的婴儿没有好坏之分，任何孩子在出生之后的很长一段时间是对这个世界没有过多

认识的。因此，这个时候，他们最需要的是一个心灵的雕塑者，可以帮助他们更好地刻画自己的人生，更好地树立自己的思想道德观念，只有这样他们才能在正确的引导下茁壮的成长，最终成为对社会有用的青年人。

其实，只要我们用心观察这个社会，有很多年轻人之所以会在成年以后犯下各种各样的错误，追根溯源还是与他们小时候的经历有关。有些孩子因为小时候没有得到太多关爱，所以在后面的人生经历中总是难以对感情保持一个认真的态度，最终对待身边的人，总是一再地冷漠和欺骗，而自己的内心深处却饱尝着孤寂之苦。还有些孩子生来从智商条件上就优秀于别人，对于所学知识往往在很快的时间内就可以灵活掌握。但由于自己太过优秀，他们从性格上对于抗压能力上却很薄弱，但凡一点点小小的挫败就会让他们半天找不到重新来过的勇气，同时由于他们天生聪慧因素过多，很多家长都会着重培养他们对于知识的掌握能力，因此也就因此而疏忽了对他们进行良好的德商教育。因此当他们长大成人之后，尽管在自己所在的领域可以做的相当优秀，但也无可避免地因为自身德商不够完善，而最终犯下很多原则性的错误。纵观当下的高智商犯罪人员，他们每个人都掌握了相当多的知识储备，甚至不在少数的人还有具有相当高的学历修养，有些人还曾经是自己领域中的佼佼者，但就是因为在道德衡量标准上不够坚定，最终还是利用自己手中的知识做了错误的事情，给身边更多人的生活带来了相当严重的负面影响。

为什么同样的孩子，在他们成年以后会有这么强烈的对比反差呢？在圣母院大学看来，很多孩子之所以在最终没有为自己选择好整个人生的正确出路，主要原因还是在于他们对于自己在童年时代没有得到很好的引导和塑造。事实上，每个人的灵魂在初始阶段都是需要那么几个一流的塑造者的。一个孩子能不能最终成为对别人有用的人，能不能为整个社会谋得福利，首先要看在他很小的时候从前人那里收获了多少优秀的特质。事实上，作为一个成年人，我们无法预计一个孩子在自己的人生轨道中会面临怎样的机遇和坎坷，也似乎在一开始根本就不知道他们明天会从事什么样的行业，掌握什么样的技能，拥有什么样的发展。但总有那么三点我们是完全可以帮助他们把握的，而这三点很可能会在他们的漫漫人生路中发挥最为重要的作用。

第一，塑造孩子对待事物的良好心态

在这个充满成功和挫败感的时代，一个人最需要的就是保持自我内心强悍。没有什么事情是解决不了的，即便是解决不了那也是时间问题。不管孩子的其他素质如何，作为老师首先就要力求塑造他们对待事物的良好心态，只有这样他们才不会轻易地向困难低头，才不会在自己的内心因为各种原因而身陷纠结，更不会因为有一些问题一时之间解决不了而使自己走向极端。

在当下这个时代，有太多的成年人因为把控不好自己的心态而在处理事情上马失前蹄，对于孩子我们并不要求他们过早地以成人的视角去思考问题，但在他们的灵魂的初始，我们首先要慢慢给予他们面对各种事情要学会坦然面对的意识。只有这样他们才会在自己成年以后，拥有一颗坚强的心，才不会因为一些小小的挫败而丧失了自己对人生和理想的乐观期待。

第二，培育孩子灵魂深处的完美特质

不管是父母还是老师，我们似乎不能预料这个孩子今后很有可能遇见的难题。但即便如此，我们也可以动用自己的努力赋予他们解决问题的完美特质。事实上，一个人是不是真的优秀，能不能有效地提高自己

成功的概率，最主要的一点就在于他们自身的灵魂特质。

事实上造物主在造人的时候，早已经赋予了他们各种各样的优秀特质，例如正义、坚定、执著、求知、忍耐、宽容、爱心等。作为一个具有很好塑造水平的成年人，假如我们可以利用生活中的点滴小事，让他们意识到自己的特质所在，坚定他们最为正确的奋斗方向，那么很可能在他们成年以后，会取得很多可喜的成绩。

第三，利用知识的力量向他们传授宝贵经验

作为一个孩子来说，假如没有知识来扩充自己的灵魂，那么无异于是剥夺了他们80%的发展潜质。与此同时，由于他们对未来所要接触的社会，所要接触的事情都还处于懵懵懂懂的状态，因此作为塑造者而言，除了要对他们传授丰厚的知识，还要告诉他们为人处世的道理。当然，孩子是需要前人的经验作为根基的。假如我们能够通过自己的经验让他们少走一些弯路，就可以有效地保证他们以最快的速度接近理想，接近他们意识中最为正确的奋斗方向。

不管怎样，孩子幼小的灵魂总是充满着太多的可能性，而他们未来的成功与否往往有很大比例在于那些塑造他们的成年人。圣母院大学始终在为这些孩子的明天而努力奋斗，不断地为他们培育优秀的师资团队，同时还定期的为孩子的父母传授一定的教育经验，希望能够通过自己的努力帮助更多的孩子成就未来。在他们看来今天的孩子承载的是未来世界的希望，假如他们的奋斗能够成为孩子们完美人生的开端，那么即便是再艰难也是值得的。

圣母院大学教育箴言：

每一个孩子都有一颗含苞待放的灵魂，这颗单纯的灵魂犹如一

第六章
大爱之心，为了我们的孩子

张白纸一般光洁，他需要人的指引，需要人的关心，更需要一个正确认知的参考。事实上，每个人的灵魂在初始阶段都是需要那么几个一流的塑造者的。一个孩子能不能最终成为对别人有用的人，能不能为整个社会谋得福利，首先要看在他很小的时候从前人那里收获了多少优秀的特质。假如这时候我们能够依仗自己的能力成为他们灵魂的工程师，那么总有一天我们会因自己的杰作而倍感骄傲。

我愿意成为孩子心灵的雕塑者

假如有人问你你的理想是什么,作为一个青年人的你会怎样回答呢?的确这个问题似乎过于宽泛,每个人的内心深处都对于理想有着不同的演绎。那么假如这时候有人再问你,你愿不愿意成为孩子心灵的雕塑者呢?事实上这个问题并不好回答。作为当下的年轻人,我们总有一天也会为人父母,或许我们会同时成为学校里的一名辛勤的园丁,但不管怎样这都是一项伟大而长期的工程,所有人都必须拿出承载它的勇气。

假如可以的话,我们可以问问身边那些做母亲的人,当初为什么要忍受剧烈的产痛去孕育一个生命,或许80%的母亲都会给你一个近似一致的答复,那就是为了孕育新的希望。或许在我们成年后的初始阶段,很多人对于孕育希望这几个字的理解并不是特别深刻。人活着难道不是为了自己的希望么?难道不是为了完成自己心中的理想么?为什么一定要在理想还没有落实之前就开始思考怎样孕育生命,还说孕育生命就等于是孕育希望呢?

事实上,这个问题并不难理解,希望是需要一个传递者的。在我们没有为人父母之前,希望似乎只是把握在我们自己手里,然而当我们的人生道路走到一个阶段的时候就开始发现,世界上的很多事情并不是仅仅依靠自己有限的生命就可以获得圆满的。因为为了将这种美好的期待

第六章
大爱之心，为了我们的孩子

传递下去，很多人想到了孕育生命，因此当一个孩子降临到这个世界上的时候，就已经在某种程度上承载了父母对他们的热切期待。然而孩子是那么的脆弱，假如想让他慢慢强大起来，必然需要前人的倾力塑造的，因此谁来成就孩子心灵的塑造就成为了一件非常重要的事情。这个人一定要完全承担起他父母的期盼，具有一定高深的知识储备，同时也具有很好的道德修养，而且这个人还必须知道自己在做一件什么样的事情，也知道自己要把这件事情变成一种神圣的信仰。只有这样，他们才会对这个孩子倾尽自己的关爱和全力，帮助孩子在不久的将来成就属于他的成功。

事实上老师这个职位之所以伟大，主要原因在于他的职责是燃烧自己照亮别人。老师从一开始一定是要比学生高明的人，但他们之所以每天辛勤地耕耘，其目标就是让自己的学生走出校门以后名字比自己叫得响亮。因此，我们常常会仰视比尔·盖茨，仰视新任州长和总统，但少有人会探秘究竟谁曾经担任过引导他们的老师，究竟这些背后辛勤工作的园丁在他们成才的道路上付出了怎样的艰辛。因此从这一角度来说，选择从事老师职业的人，从迈进这个职位的那天起，就已经选择了一种自我牺牲精神，他们必须用自己的博爱帮助未来的世界培育希望。从此以后，他们的生命中不再仅仅局限于自己的孩子，相反他们很可能要照顾更多的孩子，而这些孩子几乎与他们没有任何亲属关系。他们不过是要在老师身边待上不长的一段时光，之后就会渐渐离开他。但不管怎样，假如这段人生经历中，他们能够领会到老师对他们的关爱，领会到老师对他们人生方向的引导，领会到老师对他们所付出的爱心，从而在今后的人生道路上，将他的前期教诲变成自己未来的行动指针，可以从容地分辨出正义与邪恶，可以果敢地去选择最为正确的道路，那么作为老师

而言就已经达到了自己的目的,而他的内心必然也会因为达到了这样的成果而倍感自豪。

在圣母院大学,很多选修教育的学员都把成为一名优秀的灵魂塑造者当成是自己生命存续的伟大理想。在这里接近80%的学员都有天主教信仰,他们心怀大爱,在这所富有宗教信仰的世界名校熏陶下,他们对于身边的所有人都保持着一颗谦卑友好的爱心。在他们看来,孩子是上天赠送给父母,赠送给整个社会的礼物,他们是那么可爱,那么需要引导和呵护,假如自己能够利用所学的一切,细心地看顾好这份来自上天恩赐的礼物,将他们培育成对社会有益的接班人,那么对于自己的人生价值来说也是一个相当完美的诠释。有些学员坦言,之所以自己会选择教育专业,其主要原因就在于他们是那么喜欢孩子,每次看到那些童真的眼神,他们的心灵也在随着他们的语言和思想进行演变和净化。在他们看来这些可爱的小脸都是可塑之才,容不得半点怠慢。假如自己能够成为这些孩子灵魂的塑造者,那必然是一件非常荣幸的事情。

至今为止,圣母院大学的学员仍然秉持着自己神圣的教育信仰,而这种信仰似乎已经成为了一种持续性的传统,鼓励着一代又一代的大学学员怀着自己的爱心走向他们心仪的岗位。很多人坦言,和孩子在一起是一件幸福的事情,他们思想简单,他们对于你的好感是那么单纯而清澈,假如用心观察你就会惊讶地发现:他们昨天还对很多事情一知半懂,而今天为什么忽然明白了那么多。他们很聪明,善于用自己灵动的双眼观察一切。有时候他们就像是一群可爱的小精灵,总是那样半淘气半乖巧地栖息在你的身旁,让你感觉到身为灵魂塑造者的成就和幸福。

事实上,谁知道这些孩子将来会成为什么样的人呢?或许当下作为灵魂塑造者的老师也并不能够预想得到。但有一点可以肯定,假如我们

第六章 大爱之心，为了我们的孩子

可以带着自己的爱心去尽心培养他们，将他们的内心最为重要的特质发挥出来，并给与他们很好的鼓励和引导，为他们不断地充实他们渴望掌握的知识，带着一颗孩童般的心与他们一同成长，相信总有一天，这些用辛勤汗水浇灌成的小树苗会让你看到自己付出一切价值。这些价值是用爱编织起来的，没有任何等价的金钱能够衡量。为了将这种爱进行到底，圣母院大学的师生仍然在为成为一名称职的心灵塑造者而努力，他们在不断地完善自己，希望能够用自己的爱心点亮更多孩子的未来。为了下一代更好的未来，他们愿意为成为孩子心灵的雕塑者而努力，因为他们相信经过他们的精心雕琢，这个世界必然会出现无数的杰出人物，而他们未来所展现的完美特质有很大一部分都是出于自己当初的倾力雕琢。

> 圣母院大学教育箴言：
>
> 孩子是上天赠送给父母，赠送给整个社会的礼物，他们是那么可爱，那么需要引导和呵护，假如自己能够利用所学的一切，这些可爱的小脸都是可塑之才，容不得半点怠慢。假如我们能够成为这些孩子灵魂的塑造者，细心地看顾好这份来自上天恩赐的礼物，将他们培育成一批对社会有益的接班人，那么对于自己的人生价值来说也是一个相当完美的诠释，而这又是一件多么荣幸的事情。

第七章

倾尽心力,用技术点亮生命之光

> 这是一个崇尚技术的时代,假如你愿意用自己所学的知识,点亮无数人的生命。事实上,我们每个人都可以成为生命之光的希望传递者,只要我们能够树立自己的理想,倾尽全力为那些脆弱的生命提供力所能及的帮助,那么很可能我们就可以站在他们生命的转折点上,成为他们延续生命,延续希望的守护者。这是一件多么伟大的工程,只要愿意付出爱心,付出努力,不管是谁都可以承揽下这一神圣的使命。

第七章
倾尽心力，用技术点亮生命之光

从此，我们要让死神不再强大

一场灾难很可能会在顷刻间夺走很多人的生命，死神就是这样无情，当他突然来到，我们很多人都会束手无策，不知所措。即便是在这场灾难中我们能够侥幸逃脱，但之后因为无家可归所要面临的疾病威胁也是相当危险的。这时候人们最需要的就是在自己身体出现问题的时候能够得到确切的诊断，在这个分分秒秒贵如黄金的危机时刻，总要有人站出来挽救生命，依仗自己的知识和技术让死神望而却步，不再强大。

这个世界是如此的丰富多彩，但同时这个世界又是如此的多灾多难。在这个太阳系中最美的星球上，随时随地都可能出现无数的自然灾害，而这些自然灾害将直接影响到无数人的生命安危。从海啸、地震到火山爆发，再到战争或核泄漏给各个地区人们带来的安全威胁。一切似乎都在说明着一个问题，那就是死神离我们并不遥远。他随时可能在我们不知情的情况下来到我们身边，当他发怒的时候，很可能我们周围方圆几里的群落居民都会跟着家破人亡。即便是有些人能够侥幸逃脱险情，也难逃之后因为家破人亡而带来的诸如瘟疫、创伤、感染以及其它病痛折磨的危害。在这个时候最为重要的就是能有一批具有高超医学常识的人，能够在最快的时间内诊断受难者的病情状况，并及时对他们实行救援。在这个分分秒秒都在与死神进行抗争的危急时刻，这些人必将成为被救助者的全部希望，这直接决定着一个人能不能活下来，也直接决定着他们是不是还有机会与家人团圆。

其实，有些时候，生命就是这样脆弱，灾难来临的时候，生与死似乎并不完全由得我们自己。相反，更多的是取决于那些实行救助的人。或许在这场浩劫没来临之前，人都可以依靠自己的能力生活，依靠自己的辨别能力去选择去做什么不做什么。但当死神将目光倾注在了他们身上，似乎就连是生是死这样简单的选择都没有那么容易。其实，细细想来，人即便在诸多生物中是最为强大的一个，也不过是大自然中最为渺小的一分子。尽管很多人相信人定胜天，但当一切不愿意看到的事情真的来到，大多数人仍然还是会无可避免地流离失所，手足无措。假如这个时候，我们每个人能够依靠自己的能力，为这些渴望声援的生命做点什么，那必然是一件相当有意义的事情。

随着近日来地球环境不断变化，地壳运动也越来越频繁，世界很多地方都出现了大大小小的自然灾害，最终导致很多人因为灾难后的疾病得不到及时确诊。圣母院大学的很多一线专家都在试图努力寻找到一条有效为灾难中的弱势群体进行快速确诊的有效途径，尽管这一切似乎并不是那么容易做到，但圣母院大学的学生始终都在进行着不懈的努力。

在圣母院大学的疾病诊断项目中，张教授讲了医疗领域人员在未来所要面临的挑战。他说："在海地这类地区遭受灾难的时候，由于地域特点以及当地自身条件的原因，我们根本用不了那些高端医疗技术，以

第七章 倾尽心力，用技术点亮生命之光

及相应的辅助器材，因为那真的太过繁杂和昂贵，不管是在时间还是空间上，都是不允许的。"

为了最大限度地以最方便快捷的方式解决疾病诊断问题，张教授经过多年探索，利用尖端技术开发了一种手持设备，以此来检测病毒DNA和引发疾病的病毒。这是一项伟大的发明创造，通过它世界各地的人无论贫富都能知道自己得了什么病，需要什么样的药物进行治疗。在实践应用中，有的医生坦言："需求是很重要的，像我这样的医生，真的可以利用这一设备来更好地照顾病人。"

其实，医疗技术就是这样富有神奇意义，它经过不断的改良和创新之后，将会以崭新的色彩帮助更多需要医疗救助的人。尽管这项发明创造为很多患者解决了问题，但圣母院大学的师生仍然没有停下研究的脚步。张教授坦言："最好的医疗是每个人的基本权利，我们希望技术能将这个愿望变为现实。"

不管是谁，生活在这个世界上随时都可能面临危险，有些是我们可以预计的，而有些是我们根本没有预料到的。面对灾难，除了自己要保持淡定做事不乱，想办法脱离险境以外。作为有能力实行援助的第三方，在一系列险境中也是要起到相当重要的作用的。每当哪里出现灾难的时候，电视新闻中总是会出现这样一系列的话："温情感动世界，死神也会望而却步。"而这句话真实的演绎者，则是那些富含爱心和知识技能的人。

尽管现实是残酷的，生命是脆弱的，死神是可怕的，但每当灾难来临的时候，总要有人冲在最前面去帮助别人解决问题。单以医疗救助为例，在那分秒必争的时刻，每一个诊断，每一个行动，都很可能决定着一个人的生死。其实，自打人类文明出现以后，就开始利用自己的智慧

不断地总结经验，发明创造，想法设法降低灾难的毁灭系数，挽救一切可以挽救的人。这似乎成为了一种使命，而这种使命最终衍生成为了世间的无数职业。从事这些职业的人必须拥有持之以恒的探索精神，不断地在总结经验中寻求创新，在一次次技术变革中寻求受灾群体的快速援助之道。这不单单是为了别人，也是为了自己，为了更多生命的未来和期待。正是因为有着这些人的不断努力，我们作为人类才有资本去跟死神谈条件，让他逐步收敛，不再强大。圣母院大学的师生始终在为这个理想而努力奋斗，事实证明他们没有违背自己的承诺，一系列的发明创造在实践中已经验证了效果。没错！他们做到了，那么接下来的你，又要为什么而努力奋斗呢？

> 圣母院大学教育箴言：
>
> 　　细细想来，人即便在诸多生物中是最为强大的一个，也不过是大自然中最为渺小的一分子。尽管很多人相信人定胜天，但当一切不愿意看到的事情真的来到，大多数人仍然还是会无可避免地流离失所，手足无措。事实上不管是谁，生活在这个世界上随时都可能面临危险，有些是我们可以预计的，而有些是我们根本没有预料到的。

第七章
倾尽心力，用技术点亮生命之光

运用我的知识，让未来的世界更健康

如今世界的很多地方都存在着各种各样的疾患，有些我们可以解决，而有些我们目前根本解决不了。还有一些我们明明可以解决，但是我们却一时之间难以研制和生产出大剂量的解决问题的工具和药物。因此，如何能够在最短的时间，利用所学的知识研制出当下最需要的药物，就成为了让未来世界更加健康的先决条件。

这是个充满机遇的时代，也是一个充满各种各样可怕疾患的时代。由于工业过于发达，各个地域都出现了不同程度的污染，而当下的气候变暖，似乎与往昔的世界已经有了相当大的差距。再加上当下人们的工作生活节奏越来越快，压力也越来越大，各个国家乃至于不同区域之间的贫富差异也相当严重，一切社会变革也直接导致了人们自身对于所处环境的不适应，最终导致了种种疾病的衍生，而这些疾患似乎要比历史上任何一个时期的疾病都更为可怕。

对于一个人来说，没有了健康的身体往往就意味着丧失了自己的一切。而快速解决治愈疾病的药物问题，找到可以抑制病患的有效方法就成为了当下所有人最迫切的需要。在如今这个时代，很多人都曾经经历过亲人因为身患疾病而痛不欲生，甚至很多人最终还由于难以得到有效

治疗而怀着痛苦的感觉离世。本来幸福的家庭因为少了一个人的存在而永远失去了往昔的欢乐。很多人不能享得善终,而很多人会因为无法挽救家人的生命而身陷悲痛,手足无措,只能眼睁睁地看着他们离开自己。在世界范围内,就在当下与我们擦身而过的人群中,只要用心聆听,我们就能够听到不少人都有过类似的经历。而这一切都预示着这样一件可怕的事情,那就是疾病的灾难距离我们并不遥远,或者说在向人类一步步地逼近,或许我们还可以说,也许就在某一天,在我们根本没有预计的情况下,它就会来到我们身边,影响到我们乃至周边与我们有关系的人的生命。

因此,为了自己,为了自己所挚爱的亲人,也为了更多我们认识的不认识的整个世界范围内的期待目光,每一个人都必须尽可能地利用手里的知识,依仗自身的能力去努力探索抑制、消除疾病的有效方法,并将这种方法和良方有效地进行普及,运用到世界范围内的医疗实践当中去,让更多需要帮助的人得以受益。只有这样才能切实有效地挽救更多人的生命,提高下一代的身体素质和自身免疫功能,最终实现让未来的世界更健康的伟大理想。

凯蒂是圣母院大学 2010 届的学生,如今正在这里进行医药方面的学习。据她回忆说:"记得小时候和爸爸一起出门,在这样一个破旧的城市,每当他进入那些人们都害怕进入的地方去对那里的民众实行救治,身边很多的人都会很不理解。按理来说凭借他的知识和技能储备,他完全可以到世界任何一个地方从事医药行业,而且说不定还会做得很好。但他最终却选择了社区和那些最需要他帮助的人。于是当我长大以后,我就有了一个理想,希望自己有一天能够像他一样,去为更多需要帮助

的人提供力所能及的帮助，为他们消除疾患，让他们的体格慢慢强健起来，而这恰恰就是我来到圣母院大学的主要原因。"

针对当下各种疾病对于人类社会的影响，作为一个富有宗教色彩的世界名校，圣母院大学致力于教育和培养更多有才华的医药职业人士，并将他们源源不断地输送到需要他们实行救助的各个角落。在这所崇尚道德崇尚救赎的大学中，平均每 10 名本科毕业生就有一个愿意去医学院进行学习和深造。他们本着治病救人的理想，不断地刻苦学习和钻研，为了心中的信仰而进行着不懈的努力和奋斗。其中有一个学生说："在走进圣母院大学的校园之前，我一直在想：医药真的有这么大的神奇效果么？作为一个医生究竟可以为病人做些什么？而在学基因学的时候，我看到了医药的力量，我发现我可以帮助全世界的社区。"

圣母院大学在对学员进行职业培训的过程中，不断力求培养他们的学术精神，对学习知识的作用，以及对病人需求的理解，而这恰恰可以帮助他们在今后的从医生涯中更好地克服各种各样的挑战和障碍。

不管时代怎样变化，人们始终要面对与疾病进行殊死搏斗的现实，而在这种征服与被征服的战争之中，医生职业的重要性就自然不用多说，他们肩负着救死扶伤的使命，也承载着病人对于他们的信任和期待。因此作为一名医生来说他们不但要有丰富的医学知识储备，良好的医疗实操技术，还要有相当良好的职业道德修养，和对于自身理想境界的执著，以及为社会进行无私奉献的精神。作为一名医生，尽管自己生存在这个世界上，一定要索取一定的报酬来维系自己和家人的生活，但生命中更重要的事情，仍然是利用自己所学到的一切去帮助那些最需要帮助的人。这种对于理想的追求境界，往往更应该超越于他们对于金钱的期待，以

及得到金钱的喜悦。每当看到世界上又有一个人因为他们的努力而重新获得了健康,那份内心的成就感自然无可言表。的确,这是一个高尚的职业,同时也是一个需要用高尚情怀和道德良知去自我经营的职业。它真的相当重要!

常年以来,圣母院大学源源不断地为社会培养了无数医学人才,他们具有很好的道德修养,也非常清楚自己努力学习是为了什么。在大学进行学习的日子,他们用心地进行着一项又一项的疾病研究,并在教授的带领下取得了富有成效的科研成果。其中大部分已经运用到了医疗实践当中,帮助很多身患疾病的群体解决实际困难。而今,他们仍然坚守着自己的岗位,在医疗事业的各条战线上无私地奉献着。他们有的进行着医药研究,有的主动走进社区,努力去帮助无数渴望得到他们帮助的患者,而这一切对于他们来说绝对是一件值得荣幸和自豪的事情。每当有人问及他们究竟在为什么而奋斗,他们总是淡然一笑,自豪地向他们表露自己的心声。正如圣母院大学教授托马斯所说的那样:"圣母院大学让我们的学生运用医药工具是未来世界的人更加健康。"没错,每个人都应该有为全人类解决重要问题的理想,为别人,为明天,同时也为了我们自己。

圣母院大学教育箴言:

对于一个人来说,没有了健康的身体往往就意味着丧失了自己的一切。而快速解决治愈疾病的药物问题,找到可以抑制病患的有效方法就成为了当下所有人最迫切的需要。作为一名医生,尽管自己生存在这个世界上,一定要索取一定的报酬来维系自己和家人的

第七章
倾尽心力，用技术点亮生命之光

> 生活，但生命中更重要的事情，仍然是利用自己所学到的一切去帮助那些最需要他们帮助的人。这种对于理想的追求境界，往往更应该超越于他们对于金钱的期待，以及得到金钱的喜悦。

有了医学技术,救助就会延展到每一个角落

生活在这个时代时间长了我们会发现这样一个现象。那就是假如一位显赫人物病了的时候,整个国家乃至整个世界都会给予高度的关注。相反在那些不被人注意的角落,也有一些人身患同样的疾患却很少能够引起注意。事实上,生命是平等的,假如我们可以很好地运用当下的医学技术,并努力地将其进行推广,那么这种救助就会延展到世界的每一个角落,将会有更多的人因为得到了有效的治疗而脱离疾病的折磨和困扰。

有些时候疾病的蔓延速度真的是超出我们所有人的想象。当我们每天回家打开电视,忽然看到某位重要人物,或是自己关注的著名影视明星正在因为什么什么疾病接受治疗的时候,我们或许更大的兴趣好好了解一下整个事情的原委,但从来没有想到他们所遇到的难题,有一天很可能会来到我们身边,成为我们必须面对和解决的疾患难题。

在这个世界上,在我们不经意的角落,常常深埋着很多我们所无法预知的疾病隐患。倘若有一天它们带着邪恶的嘴脸浮出地面,在我们毫不知情的情况下入侵我们的身体,殃及我们的生命,那么很可能顷刻之间灾祸就会从某一个点进行大面积的扩散,最终灾祸将不断蔓延,导致全国乃至世界,上上下下人心惶惶。

第七章
倾尽心力,用技术点亮生命之光

由此看来医疗的救助不仅仅是一件救死扶伤的工程,还很有可能影响到整个人类社会的安定和谐问题。当一个人在身染重病而得不到有效医治的时候,内心的绝望会直接导致他们对于社会的仇视情绪,当报复心理在他们的心中不断地扩散,很多人就会利用自己疾患中的传染因素使更多无辜的生命身染疾患,而最终这种疾患将泛滥成灾。其中就包括艾滋病、肺结核、麻风,甚至更多我们根本无法预料的病毒感染。

因此,不论是一个国家,还是身处在这个国家的公民,只要自己具备一定的专业知识,能够给予那些身染重病的人最有效的帮助,就一定要责无旁贷的承担起这份救死扶伤的时代使命。不但要成为施救者,还要成为大规模实行救助的医学技术研究者和改良者。让这种医疗救助不断扩大化,最终延展到世界的每一个角落。

2003年6月18日这个特殊的日子,为期两天的世界卫生组织全球非典型肺炎会议在吉隆坡正式闭幕。在会议过程中,世卫组织负责传染病的执行干事戴维·海曼在闭幕式严肃地告诫大家说:"我们必须为最坏的情况作好准备。"

这次会议吸引了来自世界各国以及各个地区的大约1000名卫生官员和医学专家的加入和参与。他们一起总结和回顾了近半年多以来世界各地抗击非典这一新型传染病的整体情况,并讨论和交流了各自对其处理和抑制的相关经验和教训,同时还交流了一些有关非典科研、药物和疫苗研究等领域的最新信息。

其中世卫组织西太平洋地区顾问穆罕默德·帕特尔在会议发言中指出,"'非典'疫情的出现使人们又一次看到了许多国家和地区对于公共卫生体系的弱点。如今'非典'的出现是一个警钟,因此所有人都应

该总结这场传染病灾难带来的各种教训,并制订一项能使世界各国和地区应对各种传染病的有效计划。"

在会议中,世界卫生组织总干事布伦特兰女士在强烈呼吁大家,各个国家和地区都应该行动起来,加大对公共卫生系统的投入,改善全球的传染病信息通报体系现状。她和世卫组织的其他高级官员反复强调,尽管目前一些国家和地区的"非典"疫情明显趋于缓和,得到了有效的控制,但要说彻底战胜这一人类尚不了解的传染病,给予过于乐观的定论还为时过早。因为一系列的事件已经像我们验证了这样一事实,那就是人类在任何时候都可能遭到新传染病的袭击。所以绝对不能放松警惕,一定要随时准备采取各种方式确保世界范围内公民的生命安全,只有这样整个世界的政局才能趋于平稳,人类共同的家园才会因为我们共同的努力而继续保持健康的良性发展。

一次"非典"的侵袭,几乎惊动了整个世界,这绝对是一场传染疾患的历史浩劫,其间有很多人在这场浩劫中不幸丧生,还有不在少数的人尽管因为抢救及时得以逃生,但随之要面对的却是因为摄入了大量抗生药物而引起的股骨头坏死症,这种症状将会给他们的人生带来相当大的影响,他们很多人的人生至少要经历一到两次相当大的手术,手术给这些人带来的创伤是显而易见的。除此之外,他们很多人还要面临各种各样的心理疾患,很多人一辈子都要坐在轮椅上生活,需要家人的照顾,不能正常地从事原有的工作,而这很可能导致整个家庭都面临经济上的考验。高昂的药费和手术费,以及一生要坐在轮椅上的现实,一切都是如此的残酷。很多时候事实就是这样,疾患没有来前所有人都是安好的,但当它真正侵袭到我们的生命,就必将让所有人意识到,原来自己的生

第七章
倾尽心力，用技术点亮生命之光

命是如此的脆弱。

圣母院大学长久以来始终致力于解决传染病疾患在群体之中肆意蔓延的问题。他们在课题教授的带领下，进行各项科学研究项目。在他们看来，找到传染病的病原很重要，破坏他们的基因组成很重要，改良医学治疗技术很重要，研制出有效抑制疾病肆意蔓延的药物更为重要。每一个生命都是可贵的，它不论出处，不论贫富。在这个深受宗教文化渲染的世界名校，广大师生始终认为，尊重每一个生命的存在，尽可能为他们提供帮助，给他们带来生的希望，这才是此生最值得为之奋斗的事情。从宗教理论来说，每个人都是上天的孩子，而上天的孩子之间最应该做的是互助互爱。给人一份关怀，一份帮助，是一件让自己幸福的事情。当我们利用自己的创新精神和高超的科学技术，将救助延展到了每一个角落，当很多在生死线上徘徊的生命因为我们的帮助而重获新生，作为一个施救者，我们会不会从另一个层面找到自己在这个世界上最为重要的自我价值呢？没错，人不但要为自己而活着，也要为别人活得更好而努力，这就是圣母院大学始终执著奋斗的根本。他们始终在努力，当然也期待着更多人的参与。

> 圣母院大学教育箴言：
>
> 　　不论是一个国家，还是身处在这个国家的公民，只要自己具备一定的专业知识，能够给予那些身染重病的人最有效的帮助，就一定要责无旁贷地承担起这份救死扶伤的时代使命。不但要成为施救者，还要成为大规模实行救助的医学技术研究者和改良者。当我们利用自己的创新精神和高超的科学技术，将救助延展到了每一个角

落，当很多在生死线上徘徊的生命因为我们的帮助而重获新生，作为一个施救者，我们必然会从另一个层面实现自己在这个世界上的自我价值。

第七章
倾尽心力，用技术点亮生命之光

理解病人的需求，并用心去满足他们

当一个人在生病的时候，最渴望的是得到别人的关心和照顾。在他们最为脆弱的时候，最了解他们精神和身体情况的人就是医生。作为一个医务工作者，不但要努力为患者解除病痛的折磨，还要用心去经营与他们之间的关系，尽可能地满足他们的愿望，帮助他们更好地恢复健康，重新开始正常的生活。

当病人陷入疾患，身体自然是处于虚弱状态，假如这时候心理上再出现问题，必然会给他们的康复带来相当大的阻碍。这时候，最了解他们病情，最能给他们带来希望的人就是医生。尽管医生这个职业，最要紧的还是对患者的疾病进行有效的治疗和调理，以最高超的医术帮助他们控制或削弱身体的疾患，但对于病人的心理问题，以及他们最渴望满足的需求也是一定要去了解和倾听的。

圣母院大学师生认为，医生在帮助患者解决疾病困扰的同时，更为关注的事情应该是怎样帮助他们快速地适应社会的生活节奏，接受自身由于病痛影响带来的诸多不完美，并有效地抑制内心的自卑和失落心理，重新拾起信心迎接崭新的生活。这个世界，每个人都有可能经历由于病痛影响带来的诸多伤痛，这种伤痛不仅仅出自身体，更多的是出自一个人的内心。由于长时间的病痛折磨，很多人几乎会在这种难以自拔的疼

痛中深陷绝望,在那段日子里,他们不断地为自己的未来担心,担心自己会不会丧失工作能力,会不会没有维持生计的收入来源。甚至有些人在生病的那一瞬间,失去了本应属于自己的一切,这里面很可能包括物质和希望,还有来自于他们精神层面最为需要的情感。而这个时候,他们最需要的就是能够找到一个让自己坚持活下去的理由,找到一个能够支撑他们继续执著下去的精神支柱,而这种期待和精神的依靠往往会在瞬间集中在他们唯一能够听从和相信的医生上。

的确,很多时候,医生就好似是患者的守护使者,他们用自己的知识有效地治愈着他们的疾病,保卫着他们的身体健康。因此,医生和患者的关系除了治病救人以外,更像是一种朋友间的互助。出于职业和专业的因素,医生可以说是当下最了解患者病情的人,也是唯一对其能不能得以治愈有着确切了解的人。因此在这个时候,医生的一句话,一个心理上的干预,一个恳切的表示,都能够给予患者相当大的信心,而这种信心定将帮助他们更好地接受现实,以平和的心态去面对疾病,面对这一切给自己带来的不利影响,积极地配合治疗,以保证之后能够更好的溶入社会,和众多正常人一样努力经营自己的生活,实现自己的理想。

曾经有这样一个故事,感动了千千万万的读者。

有这样一对双胞胎,在一次特大爆炸意外事故中身体受创高度烧伤,结果被送到医院后,二人被医院判定面部毁容严重,若想复原则需要相当高昂的手术费,然而当时哥俩并没有什么钱,因此等待他们的将会是一个"面目全非"的人生。

为了让这对双胞胎兄弟接受眼前的事实,医生决定对他们进行心理干预。然而令他们没有想到的是,当他们的心理干预计划还没有得到完全实施的时候,双胞胎中的哥哥因为料想自己肯定会毁容而产生了绝望

第七章
倾尽心力，用技术点亮生命之光

情绪，最终在当天夜里就自杀身亡了。弟弟由于相比之下要比哥哥乐观一些而坚持了下来，但他的内心却仍然深陷在痛苦当中，而哥哥的离去也越发加重了他的心理负担。

这时候，他的主治医生走近了他，不断地与他交流。医生告诉弟弟他是多么的幸运，在这次意外的大爆炸中大部分人都没有生还，而唯独他和哥哥活了下来。可现在哥哥也不在了，他就成了这场大灾难中唯一的一个幸存者。由此看来他的生命是如此的宝贵，而上天又是如此地恩待他。正所谓大难不死必有后福，想必上天是要让他成就一番大事，才最终将他留了下来。听了医生的心理引导，弟弟慢慢地走出了人生的低谷，他是为自己能活下来而喜悦，开始坚定了自己要为理想而继续努力的信心。

为了满足弟弟的心理需要，医生又开始在其进行康复训练的过程中，不断地支持他做很多力所能及的事情，让他尽情地去体会那种一点点接近正常生活的喜悦感。并用赞许的话不断地鼓励他说："啊！看，相当不错，昨天才刚刚能独自去卫生间，今天就可以自己清洗衣物了。所以你看，未来的你并不会是一个被照顾的对象，也可以自己独立地做很多事情。没错，说不定不久的将来，就会依靠自己的能力赚一大笔钱，然后恢复当初帅气的容貌呢。"

听了医生的话，弟弟重新燃起了生活的信心。当他走出医院的时候，他已经可以坦然面对一切了，并不再因为自己的容貌问题而自卑。相反他积极地寻找自己力所能及的工作，并利用自己的智慧不断地积累财富。若干年后，从基层打杂工做起的他，已经成为了一个事业有成的人，而最终他用自己长时间积累起来的经济资本为自己进行了整容手术，找回了阔别已久的帅气面容。

看了这个故事,我们在为弟弟顽强的生活动力和坚持不懈的执著精神感动不已的同时,也看到了作为一个医务工作者,在关键时刻对其进行一定心理辅助治疗的重大作用。在圣母院大学的师生看来,不断理解病人的心理情绪和内心需求,并用心地去满足他们,为他们提供分内乃至额外的帮助绝对是一件非常幸福的事情。他们会不断地跟患者聊天,了解他们的家庭,了解他们内心深处最大的担忧,了解他们当下最想完成的事情。因为他们知道,病情的减轻或加重往往取决于患病者的情绪和心态。假如自己能够力所能及地帮他们完成一些心愿,为他们赢得一点小小的喜悦,那么说不定会更有助于他们快速恢复身体的健康。

如今圣母院大学已经开设了各种病患心理干预课程,并始终教育学员们要把持医生的职业操守,不断地培养自己对于患者的耐心。除此之外,作为一名医务工作者,一定要不断地对患者的意见进行梳理和反馈。不管是在制度上,还是在医疗技术设备的改良上,或是对未来医学的展望和期待上。因为这一切是来自于病人的亲身体会,不论是对于今后医院的体制改良还是对未来医疗技术革新的深入探索,都有相当高的参考价值。尽管医生的职责是治病救人,但医生更深一步的职责是能够经过自己经验的总结和不断自我探索发掘后,倾尽自身全力地推动医疗事业的发展,不断提高治愈效果,能够在诊断精准、治愈迅速,且为患者最大限度节省开支的情况下更好地为他们服务。这是一个值得用一生为之奋斗的事情,而这也恰恰是圣母院大学一代代学员步入校园之后率先树立的伟大理想。

> 圣母院大学教育箴言:
> 　　作为医生而言,帮助患者解决疾病困扰的同时,自己更为关注

的事情应该是怎样帮助他们快速地适应社会的生活节奏，接受自身由于病痛影响带来的诸多不完美，并有效地抑制内心的自卑和失落心理，重新拾起信心迎接崭新的生活。这个世界上，每个人都有可能经历由于病痛影响带来的诸多伤痛，这种伤痛不仅仅出自身体，或许可以说它们更多的是出自一个人的内心。

在医疗创新中,实现生命的奇迹

每当我们身边走过一个拿着盲杖行走困难的盲人,你的内心会不会为他们此生的不幸而充满同情呢?作为一个正常人,或许我们真的难以理解,当一个人的一生注定要在黑暗中行走时,那份渴望光明的期待将会是何等的强烈。假如有一天,我们可以通过不断的医疗创新,在现实的世界中实现一个又一个生命的奇迹,让盲人们重新依靠自己的双眼打量世界,那将是一件多么美好的事情。

或许我们不会知道,那些从我们身边走过的盲人在失去光明以后,将会在生活中面对多少困难。当一个人的眼前从此一片黑暗,再也看不到任何颜色,甚至再也不能看到自己最想看到的家人,在这个时刻他们是多么希望自己能够重新恢复视力,像正常人一样生活啊。不可否认,在失去光明以后,很多人都曾经进行过不懈的努力,而最终只能是无果而终,那种沮丧的心情自然是无以言表的。

其实在我们的生活中有着很多类似的人,他们应为各种原因而落下残疾,从此终生不能像正常人一样生活。但谁能否认,在他们生命的初始,也曾经像所有人一样对未来充满向往,充满了无限的热爱和憧憬。他们有的喜欢读书,有的喜欢看电影,有的喜欢踢球、钓鱼,或者仅仅是跟自己喜欢的人坐在一起聊聊天吃吃饭,享受一下午后的阳光。但这

第七章
倾尽心力，用技术点亮生命之光

一切从他们视觉一片黑暗的那天起，注定是一场难以实现的梦。作为一个健全人，或许我们很难想象，这些始终保持淡定神色的人，内心曾经经历了怎样的痛楚和无奈，才最终接受了黑暗，或者与并不正常的生活朝夕相处下去。

或许这些正在忍受内心伤痛的人，在众人面前会表现得很坚强，或许他们并不会说过多有关于他们所经历和忍受的事情。但作为一个具有一定医学探索精神的科研工作者，身在其职的重要目标就是帮助那些因为各种原因而无法正常生活的人解决实际问题，帮助他们告别昔日的伤痛，告别黑暗的记忆，最终在坚持不懈的医疗创新中，帮助他们重新以健全人的身份步入社会，最终实现属于自己的生命传奇。

斯蒂芬是圣母院大学 2012 届的学生，据他回忆，小时候他的爷爷非常喜欢钓鱼，那时候爷爷是如此热爱这种在水上的活动，他总会在钓鱼的时候欣喜地说："大鱼要上钩了！"但现在他却逐渐丧失了这种能力，开始变得沉默寡言，因为他已经失明了。

当下这个时代，像斯蒂芬爷爷这样的例子并不少见，为了帮助这些人重见光明，重新绽放自己的生命之光，圣母院大学的生物医学的师生们始终在进行着不懈的努力。他们利用大斑马鱼的成熟细胞做了一个开拓性的实验。按照圣母院大学生物学家大卫的说法："这项科研项目的目的是为了帮助更多失明的患者重新恢复视力。"

时下这项实验还在进一步地进行着，大卫教授与其他圣母院科学家一起不断的进行合作探讨，希望能发现一些有关老年痴呆症及帕金森病和治愈失明的有效方法。据大卫介绍说："如果我们能够理解这些斑马鱼体内的过程，就能知道在人类体内相同的反应。因为圣母院大学是一座素有天主教信仰的大学，尽管不断致力于尖端科研，但却非常尊重生

命，因此对于胚胎生殖干细胞实验是持反对态度的。"

在圣母院大学，很多人都将大卫教授的实验看做是学校创新实验的一大体现。这项实验给斯蒂芬爷爷这样的盲人带来了很大鼓舞和希望。也正是因为这个原因，斯蒂芬才在自己高中毕业后报考了圣母院大学。谈到这项实验的前景，他充满希望地说："我们坚信圣母院大学的科研成果是干细胞实验的未来，我很荣幸成为圣母院大学的一员，假如这项实验能够收获成功，就必然可以帮助和我爷爷一样的人了。"

这个世界如此美好，可是总有人会因为各种原因一生都很难再见到那些亮丽的色彩。那些曾经的美好时光，往往只能成为他们昔日的记忆。当然失去光明仅仅是人类社会不幸人群中的一部分。假如我们用心观察就会发现，当下有很多人因为身患帕金森症或老年痴呆症而无法正常生活。他们的生活质量很低，而且随时可能因为各种各样的原因影响到生命的安危。能够直接帮助他们走出困境的，只有那些具备一定医疗技术且富有创新精神的人。

在圣母院大学，很多人都在为这个梦想而不断努力，他们每天都会经历无数次失败，但是始终没有停止过医疗创新的脚步，他们正在为自己的梦想而执著，正在为成就一段段生命的奇迹而努力。事实上，他们始终在为之奋斗着，也已经在经历了无数次实验后，得到了相当了不起的研究成果，相信在不久的将来，很多疾病都会因为这些富有医学理想的创新者的不懈追求而得以治愈。他们让饱受病痛折磨的人有了美好的憧憬，相信在不久的将来所有的难题都会得到很好的解决。说不定，一片药片，一个简单的小手术，就完全可以让很多人从病痛的折磨中摆脱出来，真正体会到医疗创新对于人类的重大意义和价值。

第七章

倾尽心力,用技术点亮生命之光

圣母院大学教育箴言:

作为一个健全人,或许我们很难想象到,这些始终保持淡定神色的人,内心曾经经历了怎样的痛楚和无奈,才最终接受了黑暗,或者与并不正常的生活朝夕相处下去。或许这些正在忍受内心伤痛的人,在众人面前会表现得很坚强,或许他们并不会说过多有关他们所经历和忍受的事情。但作为一个具有一定医学探索精神的科研工作者,身在其职的重要目标就是帮助那些因为各种原因而无法正常生活的人解决实际问题,帮助他们告别昔日的伤痛,告别黑暗的记忆,最终在他们坚持不懈的医疗创新中,重新燃起希望。

把生命之光传播给更多的人

有没有想过,在这样一个看似寻常的一天,有这么一批人的命运因为一次意外的感染而彻底改变了。假如抢救不及时,他们的生命之火将会瞬间熄灭,除此之外,曾经接近过他们的很多人也将面临着感染所带来的生命考验。事实上有很多病菌都会在传染中肆意泛滥,残酷的剥夺着人们生的希望。只有那些能传播生命之光的人,才有这个能力利用切实可行的医疗手段,挽救他们的生命,并在最终将这种感染病菌彻底从人类世界中清除出去。

一提到细菌,恐怕所有人都不会陌生。没错,早在人类还没有诞生之前,世界上就已经有了细菌的存在。在这个充满未知的蓝色星球上充满着各种各样可知的或未知的各种细菌。而且这些神奇的家伙还很有可能因为环境、气候等诸多原因而出现基因变异反应。的确,即便是在我们人体体内,也存在着各种各样的细菌,但它们对于我们人体而言并不完全都是有害的。可是,世界上很多事情都不容乐观,因为不管我们怎么把这些微小的家伙往好处想,总会有那么一些品种会直接影响到我们的生命,而且更令我们难以想象的是,它们的残忍程度往往会出乎所有人的意料,有些时候他们好似一个野心勃勃的杀手,不但要剥夺当下人的生命之光,还要让一切曾经接近过他的人都感染

第七章
倾尽心力,用技术点亮生命之光

上这种足以致命的疾患。

不管是追溯历史,还是仰望今朝,人类因为细菌感染而大面积伤亡的案例真的数不胜数。病菌常常会在我们没有预感的情况下,带着很强大的杀伤力,对人的身体进行严重摧残,而惨遭它们"青睐"的人,很可能会在一天甚至几个小时内就永远地离开这个世界。

对于细菌感染这种事情,一位痛失爱子的父亲这样回忆道:"那是在2007年的1月,这个季节是格斗的最佳时节。在那天瑞恩参与了一场格斗活动,回来以后还好好的,结果第二天,他开始抱怨自己的无名指疼痛难忍。我们看到他的手指肿得非常厉害,而且似乎还在进一步地恶化,于是马上把他送到了医院。"

看到失去儿子的父亲痛苦的神情,瑞恩的母亲接过话茬继续说道:"我之前从来没有听说过金黄色葡萄球菌,因此我始终觉得,那不过是服用少量抗生素就完全能够对付的小问题。但是当我们把儿子送到医院的时候,医生却这样对我说:'女士,还有一天,你的孩子就要彻底锯掉手指了。'事实上他活了不到两天。"

金黄色葡萄球菌是很恶劣的病毒,单在美国,每年就会有几十万人感染上这种可怕的病毒,而其中大约会有超过两万人会因为感染上这种病毒而不治身亡。这种高昂的生命代价立刻引起了圣母院大学研究人员的高度重视,并针对这种细菌的感染开始了一系列的科学研究。他们渴望找到一种可以消灭这种感染病症的抗生素,来降低人们因为感染上这种细菌而遭受的生命危险。其中,圣母院大学的教授布朗希直接将这种感染,以及临床问题纳入了自己主攻的研究项目。他每天倾尽全力地去进行着反复的实践。对于当下这种细菌感染对美国民众所带来的灾难,布朗希感慨地说:"这种细菌传染疾病,每年都要夺取美国2%患者的

生命，由于它传染性极强，因此对人的身体的伤害是极为恶劣的，它能在更衣室、监狱、托儿所等各个角落大规模传播，其影响能波及到整个空间内的每一个人。如果我们能够找到相应的对策，那就再好不过了。"

有没有想过前几天自己还在与自己朝夕相处的好友或亲人，或者在前天晚上你们还在电话中聊了很长时间，一切都是那么的近乎寻常，丝毫没有什么异样的感觉。然而就在几天后，别人却悲痛地告诉你他已经永远地从这个世界上消失了。或许在当时，你根本不相信自己的耳朵，甚至觉得他们都在跟你开玩笑，但经过核实以后你却不得不接受那是个事实。

的确，细菌感染的杀伤力是相当可怕的。这种传染很可能会在顷刻间蔓延到一个人身体的每一个角落，摧毁一个人体内的全部脏器。而这一切的一切似乎没有任何预兆，乃至于还没有来得及检查，这个人就已经不治身亡了。死亡这件事，不管对于谁都是一件可怕的事情，它意味着生命的终结，意味着没有所谓的明天，意味着再也看不到自己所爱的人。因此，如何找到一种切实有效的救助方法，就成为了那些具有专项知识储备人群主攻的科研难题。尽管这种难题在进行验证和研究的过程中并不容易，一系列的苦难都必然是他们每天所要面对的家常便饭，但经过一番洗礼以后，他们必然可以为那些渴望救治的人带来希望。尽管这种病菌的传染速度是如此地迅猛，以至于一个生命会因为它们的入侵而在顷刻间陨落，但只要有人不断的在为延续生命之光而努力，就必然会有将这种光芒传递给更多人的一天。没错，一切只是时间问题，一切都需要我们所有人的共同努力。圣母院大学的师生们始终都在为实现这一理想而不断奋斗，其目标只有一个，那就是把这种生命之光传播给更多需要帮助的人。

第七章

倾尽心力，用技术点亮生命之光

圣母院大学教育箴言：

不管是追溯历史，还是仰望今朝，人类因为细菌感染而大面积伤亡的案例真的数不胜数。他们常常会在我们没有预感的情况下，带着很强大的杀伤力，对人的身体进行严重摧残。而惨遭它们"青睐"的人，很可能会在一天甚至几个小时内就永远地离开这个世界。尽管这些病菌的传染速度是如此的迅猛，以致于一个生命会因为它们的入侵而在顷刻间陨落，但只要有人不断地在为延续生命之光而努力，就必然会有将这种光芒传递给更多人的一天。而我们当下最应该树立的理想恰恰就是成为这种生命之光的传递者。

让享受先进医疗成为每个人的权利

众所周知,先进的医疗设备将直接决定着病人的治愈概率。而在当下由于受到各种原因的影响,很多人无法接受到先进医疗技术的治疗。然而,病痛的侵害却在每时每刻折磨着他们,影响着他们的身体健康,甚至有人还会因此而危及生命。因此,不管我们是不是正在从事医生这个职业,都应该尽自己所能帮助那些需要帮助的人,让他们能够享受到先进医疗,并帮助他们控制或消除因为这种疾患所带来的伤痛。没错,享受先进医疗,应该成为每个人的权利。

生活在当下的人们似乎已经慢慢接受人与人之间命运的不平等,而这种不平等往往并不仅仅局限于金钱或者人与人之间的感情纠葛。其实,时间最大的不平等来源于我们的生命安危,患同样的疾病的两个人,却因为身处国家民族地域的差异,而面临一生一死的结局。其原因在于,一个人因为得到了先进的医疗技术的救治而得以生还,而另一个却要因为没有条件接受这类的救治而延误了最佳的治疗时机。

在圣母院大学看来,尽管不同的人生活在这个世界上必然会从事不同的行业和工作,但对于生命而言,大家都是平等的。任何一个生命,不管生在哪里,都应该获得合理的尊重,享有同样的待遇和获得先进医

第七章
倾尽心力,用技术点亮生命之光

疗救治的权利。因为每个人都在为社会贡献着自己的力量,甚至有些人从事的还是一些相当危险的职业。这个世界就生命而言,没有地位的差别,也没有所谓的高低贵贱。在这个富有宗教文化色彩的世界名校看来,世间一切的人都是上天的孩子,而上天对于每一个人的爱都是均等的。因此当有人遇到困难的时候,有能力实行救助的人,只要知道了,就必须在第一时间赶到他们身边,对他们实行切实有效的援助和救治。而对于医疗条件这件事情来说,每一个施救者绝对不能在思想里有任何的地位层级想法。在这个崇尚道德崇尚博爱的大学看来,享受最为先进的医疗救治,应该成为每一个人的权利。不管他们身处在什么样的条件,只要内心期待,作为一名为他们实行治疗的医生,就应该想尽办法满足他们的需要,尽可能地降低或驱逐他们身体和心灵的痛苦。

当美国经历了"9·11"恐怖袭击的浩劫,最终下令军队开拔阿富汗的那一刻,很多士兵都因此而背井离乡,在那个充满恐怖色彩的国度,维护着国家的尊严,也在同时经历着多重生命的考验。他们不但要按照上级指示圆满完成军事任务,还要以一颗平常心坦然地去面对多种疾病的侵害。其中有一种感染疾病,就与伊拉克和阿富汗有关,它的名字叫做巴格达疖子。这种病是通过寄生虫传播,它能损害皮肤,并最终在人体上留下难以恢复的疤痕。

从1998年以后,圣母院大学教授玛丽就开始致力于这种病症的治疗与研究。经过她的不断实践以及美国军方和劝酒健康委员会的配合,最终让一种新研发出来的疫苗得以问世。它不但可以帮助那里的士兵有效地治愈巴格达疖子,还可以切实有效地帮助他们治疗和预防其它致命的疾患。针对这些疾患,玛丽教授说道:"因为这些疾病对人体的杀伤

力非常大,快速治愈他们又是如此的重要,所以我将其选为自己的研究对象,希望我的研究能够帮助那些受苦的人从此摆脱疾病的困扰。尽管我们的生活远离战场,实验更是如此,身处伊拉克的战士们常常要面对各种生命的考验。他们为了保护国家而失去肢体、脑袋,有时就意味着生命的全部。因此作为国家的一个公民,我们不仅仅要对这些战士进行嘉奖,还要给予他们最有力的支持。"

因为受到条件的影响,很多军队中的战士在执行任务的过程中受到细菌的侵害或者感染上了其它疾病,都无法得到先进医疗技术的鼎力支援,而最终直接导致他们的生命面临着战争和疾病的双重危机。假如这时候,没有人帮助他们找到一条切实可行的治疗途径,那么对于这些在战场上奋勇杀敌的勇士来说,无疑是一种严重的打击,他们会因为无助而失去斗志,甚至有很多人会因为丧失治愈的信心而无法活着回去与亲人团聚。

事实上,越是在危险的地方,人们越是需要最先进的医疗救治,由于受到当时的情况影响,在那里的人是最容易受到疾病和伤害的。此外,在世界的很多角落,很多人因为没有能力支付昂贵的就医费用而被先进医疗技术拒之门外,而最终等待他们的很可能只有生命的陨落。面对这种现状,圣母院大学的师生认为,即便是在这种特殊条件下,作为一名医务工作者,也一定要尽可能地维护他们享受先进医疗的权利。正所谓,世上无难事,只怕有心人。即便受到经济和环境的限制,只要经过不断努力和钻研,还是能够将这一梦想变为现实的。至少到现在为止,圣母院大学正在努力通过各种科研实践不断地进行探索,希望能够研发出更多方便易行,且经济实惠的疫苗、药品以及其他救治方法,希望能够帮

第七章 倾尽心力,用技术点亮生命之光

助更多需要帮助的人,切实有效地解决疾患痛苦,恢复身体健康。更重要的是,他们始终在为实现每个人享受先进医疗的理想而努力奋斗,不管是今天还是明天,这种探索精神都不会泯灭,因为他们相信,用爱经营的事业应该可以持续到永远,每时每刻,每分每秒。

> 圣母院大学教育箴言:
>
> 尽管不同的人生活在这个世界上必然会从事不同的行业和工作,但对于生命这件事而言,大家彼此都是平等的。任何一个生命,不管生在哪里,都应该获得合理的尊重,享有同样的待遇和获得先进医疗救治的权利。即便是在这种特殊条件下,作为一名医务工作者,也一定要尽可能地维护他们享受先进医疗的权利。正所谓,世上无难事,只怕有心人。即便受到经济和环境的限制,只要经过不断努力和钻研,还是能够将这一梦想变为现实的。

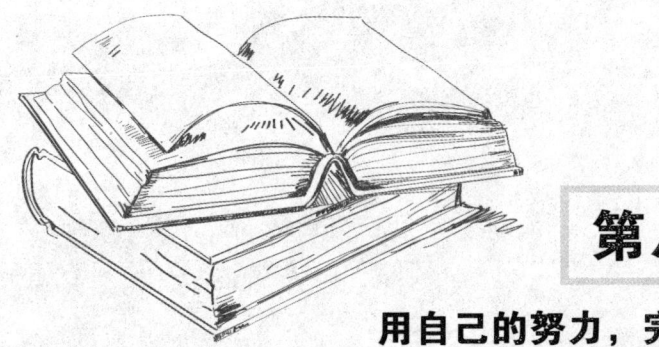

第八章

用自己的努力,完成别人的梦想

在我们很小的时候,我们的心中就萌生了各种各样的梦想,尽管这些梦想不尽相同,但每当想起这一切我们的心中就会亮起无限希望,而这希望必将鼓舞着我们不断地向着目标奋勇前进。然而,或许我们很多人都没有想过,就在世界的某个角落,还有着很多看不到希望的人们,他们的心中也有无数的梦想,但却不知道究竟该如何实现。假如我们可以利用自己的能力在承载自己梦想的同时,帮助他们实现的理想,那我们的生命必将因为我们的爱心而被附上一层圣洁的光环。

第八章
用自己的努力，完成别人的梦想

人生不仅仅只是为了自己而奋斗

一个人活着的意义，远远要大过他自己内心深处所要达到的利己目标。越是一个具有充足知识储备的人，他的一生越是应该最大限度地发挥其对于世界的存在作用。圣母院大学始终在不断地提示着自己的学员：你的人生不仅仅只是在为自己而奋斗，而应该通过自己不懈的努力，帮助更多的人实现自己的愿望。

人的一生究竟在为什么而奋斗呢？当我们还是孩提的时候，每当大人问："未来你究竟想做什么？"或许很多孩子都会七嘴八舌地说出各种各样的理想。有人想当律师，有人想当医生，有人想当作家，有人想当老师，诸如此类。尽管那时候我们或许并不是真的很了解这些职业，也根本不知道这些职业真正从事起来究竟会经历什么样的困难，但每每谈到它的时候，眼睛里还是会放出耀眼的光辉。

那么究竟为什么不同的人会有不同的理想呢？恐怕这与他们一路走来的个人经历有很大的关系。假如我们细心观察就会发现，有些人因为

小时候想读书而没有钱,所以在接受教育的历程中颇费周折,尽管凭着自己坚强的毅力走到了最后,实现了个人目标,但只要是看到跟自己有同样经历的人,心中就会产生一种共鸣,乃至于其内心有了帮助其圆满梦想的欲望。于是,他毅然放弃了更好的就业机会,从此成为了一名偏远地区的教师。而有些人,因为从小看到亲人在病榻上忍受着病痛带来的痛苦,甚至有人见证了他们最爱的人在自己束手无策的情况下悄然离世,那种内心的痛苦自然不用多说。从此以后他的人生观开始改变,为了不让其它人再去经历和自己一样的痛苦和无奈,他们在选择专业的时毅然报考了医学专业。当然,还有一些人因为从小对某一事物具有着某种强烈的好奇心,对某一领域的一些问题有着很积极的探索欲望,在他们看来那绝对是一件非常快乐的事情,不但自己要搞清楚到底是为什么,还要把研究出来的答案和大家一起分享。

总之,不管我们内心的理想出于什么样的目的,但总是有一个目标是肯定一致的,那就是不管我们所从事的是什么职业,最根本的方向还是要为更多的人服务,要为更多的人排忧解难提供帮助。一个人的一生不仅仅只是在为自己奋斗,尽管有些时候我们会期待一个受人仰视的身份地位,会努力争取一份较高的薪资待遇,但除此之外或许我们更想做的还是要为更多的人解决问题。要知道,世界上有很多的问题,而每一个问题如果不及时地加以解决就会成为当前乃至未来的难题,而这种难题的出现也必将会给世界范围内的很多人带来麻烦,严重者甚至很可能会危及生命。但这些问题总要有人去面对去解决的,因此,这些不同的问题也就在第一时间落在了那些从事着相关职业群体的肩膀上。

在圣母院大学,老师们会很深入地向学员讲解个人努力与造福世界之间的必然联系。与他们一起探讨人活在这个世界上究竟是为了自己,

第八章
用自己的努力，完成别人的梦想

还是为了更多人的理论关系，使他们更深刻地领悟到，自己对于这个世界所应该担负起的责任。他们会不断地告诉学员，当下的学习究竟是为了什么，这个世界上究竟有多少人在期待着他们的帮助，有多少问题等待着他们去解决，有多少难题将会成为他们毕业以后首当其冲要去努力探索的事情。世界很残酷，但是世界同样也需要爱的力量。我们可以不断地依靠自己的努力去争取更高的社会价值，依靠自己的力量去争取更多人的尊重，但实现这一系列愿望的前提是，你一定要先将自己的爱心奉献出去，你一定要去努力地关心那些需要你帮助的人，不管这些人是你认识的，还是你不认识的。因为这才是真正你不断汲取知识，不断努力完善自我的首要原因，这才是你人生中最应该担负起的责任。

在当下这个充满现实意义色彩的社会中，很多人将获取丰厚的利润当成是自我价值的直接体现。在他们开来，钱是维系生存和欲望的唯一途径，只有先将自己的物质财富充盈起来，用经济财富满足自己的欲望需求才能最大限度地拥有所谓的快乐。而事实上，这个世界上有太多的人在金钱的诱惑下迷失了方向，不但自己没有体会到快乐的感觉，还让很多原本可以感受到快乐感觉的人丧失拥有快乐的权利。正所谓，一切都是相对的，在这所富有爱心色彩的世界名校中，学员们几乎在每一学期的学习中，都会和老师们一起探讨人生的价值问题，以及究竟什么是快乐，怎样才能最大限度地赢得快乐的问题。他们通过一个个经典的事例让学员们自己去领会自己去思考，自己究竟应该用自己所学到的一切做些什么。

这个世界上没有一个人可以脱离群体而独立存活，而世界就是人类群体整体结构体系的总称。当我们渴望改变自己命运的同时，常常也在悄无声息地改变着别人的命运。当一个人靠着自己优秀的职业道德以

及扎实的知识功底成为了一名出色的法官,那么最应该令他引以为豪的是,他能够站在最公正的角度去看待眼前形形色色的案件,并依照相关律例给予一个公正判决,力求不冤枉一个无辜的好人,也不放任任何一个企图逃脱制裁的罪犯。从自己的角度,他得到了社会的认同,得到了一份满意的工作,而从社会的角度,他却秉持了人们对于公正的正确认知,帮助了更多渴望获得司法救助的人。当一个人努力地进修了管理专业,毕业以后通过自己的努力创办了属于自己的企业,当他认真的关心手下的每一位员工,细心地关注他们的生活状态和心理状态,公正地处理自己与员工之间的主顾关系,那么他在赚得丰厚利润的同时,也得到了更多的朋友,而与此同时,他还为自己的国家解决更多人员的就业岗位,进一步来说这对于国家的政治稳定也是起到了一定的稳定和推动作用的。

在圣母院大学看来,当一个人有了自己的理想,有了自己的方向,有了自己想做的事情的时候,他的思想与整个世界就有了必然的联系。而他的一言一行也都在最大意义上影响了很多他并不熟悉之人的命运。因此,在这个世界上活着的每一个人,都不仅仅只是为了自己而奋斗,每一个人都可以利用自己的知识和行动改变很多人的命运,让他们过得更开心,更幸福。假如通过我们的努力能够让这个世界上多出一张幸福的笑脸,那我们所付出的一切努力、一切汗水都是有意义的。

> 圣母院大学教育箴言:
> 世界上有很多的问题,而每一个问题如果不及时地加以解决就会成为当前乃至未来的难题。有问题就要解决,为了避免更大的麻烦,总要有人冲在这一难题领域的最前端。人生不仅仅只是为了自己而

第八章
用自己的努力，完成别人的梦想

奋斗，我们可以不断地依靠自己的努力去争取更高的社会价值，依靠自己的力量去争取更多人的尊重，但实现这一系列愿望的前提是，你一定要先将自己的爱心奉献出去，你一定要去努力地关心那些需要你去帮助的人，不管这些人是你认识的，还是你不认识的，因为这才是真正你不断汲取知识，不断努力完善自我的首要原因，这才是你人生中最应该担负起的责任。

用强壮的身躯,为弱小的人赢得营养

万物生灵从一开始就有强弱之分,作为一个生命不管你身在哪一个群落,都应该用自己的强大去保护身边那些弱小的群体。这似乎是一种天性的本能,只要你觉得自己比别人强大,就一定要尽最大可能为比自己弱小的人赢得更多的营养,帮他们撑起一片天,然后陪伴他们逐步走向强大。

人有生老病死,整个人生历程中会有强壮的时候,也会有脆弱的时候。在这个社会大群落中,每一个强壮的身躯必然要本能的承担起照顾弱小的重任,只有这样才能彼此关照,维系一个社会安宁,道德通达的平衡点。因此,不同的国家,不同的种族,对于弱势群体都是相当重视的。他们会鼓励年轻人主动为老幼人士给予力所能及的帮助,除此之外,在国家与国家之间,架起一座互帮互助的桥梁。

如今的世界,科技和经济日渐发展壮大,但同时诸如战争,灾难,由于工业社会所造成的污染,以及人与人之间的情感淡漠却在悄无声息地影响着很多人的命运。甚至于不少国家和诸多弱势群体,都在不同时间经历着各种不同的浩劫。贫穷、饥荒、瘟疫,以及无休止的痛苦和无奈。他们一双双濒临绝望的双眼包含着诸多复杂的情感,在这个世界上他们是人类群体中最为弱小的一部分,每一天都会有人因为各种原因而悄然离世。生命是如此的脆弱,看似微不足道,却都是一个个有血有肉

第八章
用自己的努力，完成别人的梦想

富有人类思维意识的生灵。

尽管这个世界每时每刻都在发生着争斗，每一个角落都在上演着适者生存一般的竞争，但作为一所世界知名大学，圣母院大学认为，越是在这种充满竞争的社会，相对强大的人越是有义务去为那些弱小的人赢得更为广阔的生存空间。不管他们身在哪个角落，与自己是否认识，但所有人都是这个世界上一个成员。而同属于上天的孩子，都应该互敬互爱彼此关心，人与人之间仍然需要彼此的声援。因为不管何时何地，每一个人都在渴望着一种温暖，也绝对不会排斥别人的关心，只有将这种爱的感情传递到每个人的心里，生命才会在这个世界上展现出最为亮丽的色彩。

每年在印第安纳州的一个健身房，一些强壮的人会格斗，以使世界另一头的人得到相对充足的营养。圣母院大学的学生说这项拳脚比赛每天都会进行，它起源于纽特时期，如今已经成为大学校园内的一个传统项目，其目的就是扩大声势，为孟加拉的神圣红十字项目筹款，筹得款项捐给迫切需要财政支持的地方。由于孟加拉上百万人处于贫困，且一直受贫困无知的困扰，已有80年历史的圣母院大学拳击比赛筹集了几十万美元，为孟加拉的慈善组织提供食物医药教育。作为一项拳脚比拼项目，人们开始只不过是做一些拳击运动、仰卧起坐、俯卧撑，当他们戴上手套将拳击纳入项目后，他们就开始从思想上意识到这样一个更为重要的意义。那就是："我们不为自己而战，相反我们更多的是为了别人，为了那些比我们更弱小，更需要帮助的人。"而这恰恰就是圣母院大学实行施爱教育的核心。

这个世界上有很多地方的人都在忍受着饥荒、灾难，都在期待着强势群体的鼎力支援。其间有不少孩子相当聪明，但却耐不住家境的贫寒，

没有机会接受正规教育，有不少身染各种疾病的人因为无钱救治而濒临死亡。作为一个已经用知识和力量支撑起一片未来之天的人，作为当下时代的强者，每一个有能力的人都应该责无旁贷地担负起帮助他们解决问题的责任。尽管我们每天要面对数不胜数的争斗，同样要面对各种各样的难题，但相比于他们来说，我们仍然有很多方法在摆平自己问题的同时，最大限度地支援他们。

　　在圣母院大学看来，假如人生的争斗不可避免，那就让我们将这种争斗划分到本着奉献爱心的目的中去。因此，大学会鼓励学员们自发的组织各种各样的活动，而每项活动中似乎都包含着某种竞争的意味，他们让学员们在活动中不但的强大自己的体魄，而且还要逐步培养他们的爱心，培养他们对于世界和社会的责任感。因为这个世界终归要由强者撑起多半边天空，我们有义务将自己撑起的一部分天空拿出来补给那些需要帮助的人，因为这是人类群体的本性之美，不管什么国族，什么国家，什么样的信仰，每一个人首先都是这个地球之上作为人类的一分子。帮助别人也就意味着善待自己，当世界上每一个弱小者在强壮者的帮助下慢慢强盛起来，并将这种爱心和力量继续传递给更多需要的人，那么整个人类社会将会开启另一个新的篇章，成为一个和谐友爱的大家庭。而这就是作为一个圣母院大学学生所应该具备的基本品质，也是他们应该承担的使命和责任。

> **圣母院大学教育箴言：**
>
> 　　越是在这种富有竞争色彩的社会，相对强壮的人越是有义务去为那些弱小的人赢得更为广阔的生存空间。不管他们身在哪个角落，与自己是否认识，所有人都是这个世界上一个成员，而同属于上天

第八章
用自己的努力，完成别人的梦想

的孩子，都应该互敬互爱彼此关心，人与人之间仍然需要彼此的声援。作为一个已经用知识和力量支撑起一片未来之天的人，作为当下时代的强者，每一个有能力的人都应该责无旁贷地担负起帮助弱者解决问题的责任。尽管我们每天要面对数不胜数的争斗，同样要面对各种各样的难题，但相比于他们来说，我们仍然有很多方法在解决自己问题的同时，最大限度地支援他们。事实上我们完全有能力用自己强壮的身躯，为那些弱势群体赢得更多的营养。

把帮助送给最需要的人

每个人都有需要帮助的时候，假如我们能够在最关键的时候，将帮助送给那些最需要帮助的人，那么很多人说不定就会在你做出这个行动的一刹那扭转了自己人生的命运，远离诸多不幸的遭遇。这不但是个善举，也是一个可以实现自我灵魂救赎的过程，这需要每一个有能力之人的参与，将这种爱心工程进行到底。

不管一个人是强大还是弱小，生活中总会遇到各种各样的难事，而这些难事往往并不是什么时候都能依靠自身的力量解决的。我们都知道人是一个不可能脱离群体的动物，每一天的生活，我们几乎都在跟各种各样的人打交道。或许在很多人看来，尽可能过好自己的生活才是最为重要的，而热忱地帮助别人则要看自己那时候的心情。

或许由于生活压力过大，或许是因为人们的眼光越来越现实，人与人之间的互助精神开始日益淡漠。很多人开始慢慢地将自己向利己主义靠拢，对于别人的不幸，以及诸多求助采取了一种漠视的态度。正是因为这种不良的自我状态，使得我们人与人之间的亲近感在慢慢消亡。今天别人有了困难，我们不曾伸出援手，而当我们有一天面临同样的困难时，别人又怎么会对你鼎力支援呢？其实万事都是相对的，偌大的世界，到处都有需要我们帮助的人，假如你可以在这个时候挺身而出，利用自

第八章
用自己的努力，完成别人的梦想

己的专业知识，帮助他们解决自身的问题，那么我们就很有可能在无意之中收获了一段真挚的情谊，成就了一份内心的快乐。

丽莎有个儿子，今年10岁了，这个年龄本应是男孩儿最好动的年龄，而这个男孩儿却一直保持着沉默。这常常让作为母亲的丽莎痛苦不已。她曾经很心痛地对身边的人说："Mateo10岁了，令人心碎的是他无法交流。他不能说今天怎么样，我今天做了什么。他认为自己告诉你了，而且不明白为什么你会不懂，真令人心碎。"

这个男孩儿之所以有这样的表现，是因为他是一个自闭症患儿，这种发展性的疾病妨碍了儿童的发展，在这里平均每100个孩子就会有1个患这种疾病。

看到孩子和大人伤感的眼神，圣母院大学师生开始对这件事情给予了高度关注，并将其纳入了自己的研究领域。他们很想帮助这些孩子，并希望通过自己的研究探索，找到一条克服类似相关沟通障碍的有效方法和辅助工具。于是他们想到了去创造性的运用机器人，用这种互动机器人的目的就是为了给那些自闭儿童提供良好的动力。因为作为孩子，他们对机器有着本能的爱好。他们希望机器人能够帮助她们简化沟通环节，使得孩子能够更顺利地理解正常人的情感，并引导其尽可能地向正常人的生活靠近。

在圣母院大学的师生的不懈努力下，丽莎开始尝试让机器人与儿子进行长时间的相处。而机器人也的确帮助丽莎深入了解孩子的心理活动，丽莎与孩子之间的隔阂慢慢缩短了很多，她也可以更真切地体会到做一名好母亲的快乐。她说："如果没有大学中这些好心人的帮助，我不会成为一名好家长。机器人给了我很多信念和希望，它很专注，如果不知道答案，它就会尝试着去通过各种途径找到答案。"

这个世界上有很多难题等待着解决，而这些难题往往就是当下很多人不知如何是好的痛苦。正所谓术业有专攻，当一个人出现难题的时候，由于自己不是这个难题领域的人，所以就必须依赖具备此类专项知识的人不断地去探索和思考。这个社会上万事通的人很少，但是一门精的人却很多。在圣母院大学看来每一个人所具备的特长都是可以帮助到其他最需要他帮助的人的。以丽莎的儿子为例，由于各种各样的原因，这样的孩子似乎从小就开始不能像正常孩子一样生活。他们很容易被边缘化，很容易成为这个时代不被注意的弱者，然而对于他们来说，解决自己身上的这个问题却是如此的困难。假如要他们不受外力的帮助而独自去解决这一痛苦，想必对于任何一个孩子乃至他的家人都是一件相当头疼的事情。但假如我们具备这类知识的人，可以通过自己的进一步深入探索，能够帮他们缓解或者彻底根治这一痛苦，那么这个世界上就将会多出一个健康成长的孩子，而这个孩子，说不定在其成人以后还会成为一名栋梁之才，同样他也会用自己的实际行动去关心他身边的人，他也会用自己的爱心，去关爱每一个需要他鼎力支援的人。

其实，爱与帮助就像联系人与人之间的情感锁链，一根温馨的火柴滑过这条锁链，说不定就可以照亮无数人的明天，或者说让更多人的内心都充满了温暖和宽慰。圣母院大学的师生正在用他们的实际行动去影响着更多需要帮助或者可以帮助别人的人。因为他们认为，这是作为一个有能力者的责任和使命，只有把帮助送给最需要帮助之人的目标定为自己一生为之奋斗的方向，只有把自己应该为别人做的事情看得清清楚楚，一个人的一生才不会因为盲目的利己而暗淡无光，整个世界也会因你的存在而绽放出瑰丽的色彩。

第八章
用自己的努力，完成别人的梦想

> 圣母院大学教育箴言：
>
> 这个世界上有很多难题等待着解决，而这些难题往往就是当下很多人不知如何是好的痛苦。正所谓术业有专攻，当一个人出现难题的时候，由于自己不是这个难题领域的人，所以就必须依赖具备此类专项知识的人不断去探索和思考。偌大的世界，到处都有需要我们帮助的人，假如你可以在这个时候挺身而出，利用自己的专业知识，帮助他们解决自身的问题，那么我们就很有可能在无意之中收获了一段真挚的情谊，成就了一份内心的快乐。

做别人梦想的推动力

从小到大,在我们的脑海里曾经有着无数个梦想,我们曾经想象过当梦想变为现实的时候,内心将会是何等的喜悦,我们曾经一次又一次的规划自己的明天,规划者实现梦想的每一个步骤。但是你有没有想过,假如有一天你成为了别人梦想的推动力,引导着他们和自己一同去实现心中的那份甜美的梦,那么整个过程是不是会更加温馨和快乐呢?

有没有问过自己这样一个问题,你的梦想究竟是什么?或许这个问题曾经在你的脑海里演绎了成千上百次,或许你从很小的时候就已经明确了心中的目标,或许你现在正走在实现梦想的路上。但你有没有想过,有这么不在少数的一群人,他们的心中也有着各种各样五彩斑斓的梦,然而想要实现却似乎是一片虚空的遐想。并不是因为他们不够努力,不够坚强,而是因为他们比别人少了一双翅膀,因为各种不可抗力的原因,只能把梦想当成是一个永远不可能实现的梦看待。

但你有没有想到,假如有一天你可能通过你的专业知识,帮助这些同样心怀梦想的人,重新插上你为他们量身定制的羽翼,和你一起在去往梦想之门的通天大道上畅快飞翔,那将会是一个怎样令人激动不已的场景?或许这时候有人会说,梦想的实现是一件很不容易的事情,自己都不一定能够最终达到目的,就更不要说帮助别人了。但你有没有想过,

第八章
用自己的努力，完成别人的梦想

你未来从事的职业，对于这个社会，对于你身边的这些人，将会起到怎样的一番影响呢？假如我们能够在自己的职业道路上将帮别人实现梦想看成是我们心中最大的梦想，那么每当我们完成了一桩别人心愿的时候，内心将会是怎样的幸福和喜悦？

在圣母院大学的师生看来，完成自己的梦想与实现别人的梦想之间并没有任何冲突，因为这一切都是自己在这个世界上生存的意义所在。上天将每一个人指派到这个世界上，必然要赐福于他们一种能力和技巧，而这种能力和技巧必然是可以帮助更多人谋得福利的。在人的一生中，遇到贵人是可喜的，而成为别人的贵人也是相当可喜的。假如我们真的可以成为别人梦想的推动力，成为别人看到梦想变为现实的福祉，那么我们的人生也会因为帮助了别人而获得不小的收获。

阿西里是圣母院大学三年级的学生，她在自己10岁的时候开始学习游泳，且深深爱上了这项运动。她坦言自己非常喜欢这项运动，尤其对于潜水更是情有独钟。每一次潜水，她都会觉得自己正身处在另外一个世界，那是一个学校以外的世界，五彩斑斓，令人神往。然而，不幸的是，阿西里生来就患有视神经增生，就是视神经发育不良的病症，导致她的双眼最终完全失去了光明。

本以为自己的游泳梦想将就此终结，然而令她没有想到的是，圣母院的一项科研发明让她在上岸时都不敢相信她在泳池如此自如，她参加过国家级比赛和雅典残奥会，而且从未因为失明而在自己喜爱的游泳项目中遭受困扰。的确，如今的阿西里仍然是个盲人，她也没有见过任何东西，但她走出这勇敢的一步，为了自己的梦想而付出的勇气却令大家震惊钦佩。

为了圆满像阿西里这样想当运动员却苦于视力障碍之人的梦想，圣

母院大学通过不断探索，已经可以依靠先进科技帮助他们突破自身障碍，成就属于他们的自信人生。圣母院工业设计队创造了赛道系统，能帮助视力有障碍的运动员更好地辨别方向，使他们像正常人一样，可以在游泳池中全速前进，游得更快更直，如今，他们还在不断努力，力求帮助更多的人实现自己的梦想。一位圣母院大学的教授说："我们聚在一起希望能帮失明者，希望世界更美好，因此我们的精神是永不言败，我们应该克服挑战和困难。"

看了这个例子，作为读者的你是不是同样深受震撼了呢？这个世界上，每个人都可以做很多自己擅长的事情，而这些事情很可能就可以成为别人成就梦想的推动力。当我们依靠自己的能力突破层层阻碍，最终拉着身边需要帮助的人，一起踏上寻梦旅途，每天都在别人的感动和自己的欣喜中度过，那将是怎样的一种快乐呢？

圣母院大学的师生认为帮助别人才是人生中最大的快乐，因为有别人需要你，所以你生存在这个世界上才是最有意义的。我们每天都会看到很多不容易的人，很多不容易的事，假如所有人看到自己能帮的人却不帮，看到自己能管的事却不去管，那么整个世界必然会笼罩上一层冷漠的黑色。尽管外面的天地有着它最为残酷的一面，尽管社会上总是会有那么一堆已经严重偏离道德底线的人，但是对于很多善良人的梦想，终归还是要有人出来管一管的，而知识的储备恰恰就是我们推动他们圆梦的资本。

其实，细细想来，从我们来到这个世界上，到我们长大成人，究竟经历了多少人的帮助才成就了自己当下的辉煌呢？人的一生总是会遇到那么几个贵人，而这些贵人恰恰就是能够给予我们巨大帮助的人，他是我们生命中最给力的推手，有意无意中用各种真情打动着我们的心，

第八章
用自己的努力，完成别人的梦想

触动着我们的每一根神经。而如今的你，有没有像他们帮助自己一样去帮助别人的愿望呢？人的一生往往就是这样在成就与被成就中真实的活着，假如你可以为那些需要帮助的人勇敢地迈出自己的第一步，说不定自己的明天会比现在更美好，而朋友也要比现在更多，你们会在彼此成就中享受喜悦，而与此同时你获得的，将会是更多社会人士的认同和钦佩，这似乎恰恰就是我们来到世上的初衷，就好比圣母院大学教授说的那样："没错，那就是我们最重要的责任，为突破困难而努力，为推动别人的梦想而奋斗……"

> 圣母院大学教育箴言：
>
> 完成自己的梦想与实现别人的梦想之间并没有任何冲突，因为这一切都是自己在这个世界上生存的意义所在，上天将每一个人指派到这个世界上，必然是要赐福于他们一种能力和技巧，而这种能力和技巧必然是可以帮助更多人谋得福利的。这个世界上，每个人都可以做很多自己擅长的事情，而这些事情很可能就可以成为别人成就梦想的推动力。当我们依靠自己的能力突破层层阻碍，最终拉着身边需要帮助的人一起踏上寻梦旅途，每天都在别人的感动和自己的欣喜中度过，而这一切必将证明我们不断为之奋斗的价值。

我知道，有很多人期待着我的支援

曾经有很多摄影师都拍摄过那些期待被帮助的孩子，他们那种夹杂着绝望的期待常常会让我们痛心不已。每当我们看到这一切的时候，心中会不会产生这样一种认识："那就是有很多人正期待着我的支援。因此，我必须马上行动，为他们送上自己力所能及的帮助。"

时下电视节目中总是会播出一些正在生死线上徘徊的人，他们渴望生命，却不知道怎么才能逃离病魔和死神的折磨。他们每天用极为渴望的眼神凝望着这个世界，期待着一个可以为他们提供救赎和帮助的人。假如你就是他们一直都在期待的人，你愿不愿向伸出自己的援助之手，去尽力地支援他们呢？

人活在这个世界上，每一位都有自己的不容易，但面对生与死的考验，面对一个生命是否可以不那么过早地离开，我们每一个活下来的人，是不是可以认真地思考所谓救赎的问题呢？尽管我们每一个人的能力有限，特长不同，所具备的专业知识也不一样，但当我们听到了那些求救的呼声，首先做出的第一反应应该是什么呢？在圣母院大学，老师会时刻提醒学员，他们当下的努力是在不久的将来，凭借自己的能力和知识去帮助那些需要他们帮助的人。因此，很多学员在努力探索和钻研时心中会始终铭记着这样一个信念："我的努力不仅仅为了我自己，我知道，

第八章
用自己的努力，完成别人的梦想

有很多人都在期待着我的支援。"

"在他们很小的时候，每个孩子都有自己的梦想，他们想成为救生员，想成为一名出色的舞蹈家，然而这一切都不可能了，而我亲眼看到了这些梦想和希望的破灭。"一对不幸的夫妇带着眼泪回忆自己孩子离去的场景时潸然泪下地说，"你知道么？看到孩子死去是一件很可怕的事情，我的心每天都在痛。"

辛迪迈克夫妇共生下了4个孩子，其中有3个孩子都死于同一种疾病，那是一种极为罕见的脑科疾病。当下医学界认为，一旦患上就无法医治。看到很多医生悲观地摇头，这对夫妇的内心深处的伤痛就可想而知了。在这个时候，圣母院大设立的罕见疾病中心却始终在为身患这种病患的孩子而努力着。卡特瑞教授说："我们正在试图找到一些可行的解决方法，尽管许多疑难杂症看起来就像是被判了死刑，但圣母院大学愿意花费更多的时间和精力去填补这个无底洞，尽可能地挽救更多无辜的生命。"

作为前沿科研型大学，诺特丹与丽丽基金会、ARA研究基金会一起合作，试图寻找这种病以及其他疑难杂症的治疗方法，因为作为一个有宗教信仰的世界名校，圣母院大学始终将救赎他人当成是作为自己立校的根基，做人的准则。如今他们仍在为如何攻克这些难关而努力。圣母院的师生常常会这样回答身边那些询问他们的人："我们现在所做的一切，都是希望可以通过我们的努力，为那些生死线上徘徊的孩子留下一些希望并将这种希望不断地延续下去。"如今圣母院大学在诸如此类的疑难病症的探索上已经取得了相当大的进步，很多家庭以及得了这种病的儿童都已经在他们的不断努力下看到了希望，重新拥有了生活下去的勇气和动力。

　　尽管我们每天看到大街上人来人往川流不息的人群，时不时也会有人带着阳光的笑脸彼此点头微笑，外景是如此的繁华，宛如十年都不会有什么变化。可是你有没有想到在这个世界上，平均几秒钟就要有人带着求胜的渴望离开人世，而其中有很大一部分人在生前都有很多美好的梦想。假如我们能够通过自己的努力去帮助他们解决生命的难题，花更多的时间给予他们关心和帮助，那么很多生命说不定就会因为我们所付出的爱而奇迹地留下来，他们说不定可以用更长的时间帮助别人，用更长的时间感受关爱，用更长的时间实现自己心中的梦想，当然也会用更多的时间怀着一颗感恩的心去回馈这个世界，回馈每一个帮助过他的人。

　　其实，世界就是这样充满奇迹，而这些奇迹往往都是我们每个人用爱心堆砌起来的。这个世界有那么多的疑难杂症，有那么多生命要经历生死的考验，但总会有一批人会为挽救别人的生命在不断地努力。圣母院大学的科研工作者就是其中之一，在他们看来，不管世间的哪个地域哪个角落，不分高低，没有贵贱，每一个生命都是宝贵的。为了维系生命的尊严，为了能够救赎更多的生命，从此扭转他们的命运，当下一切的努力和研究都是相当有必要的。他们现在仍在不懈地努力，而现在的我们又应该做些什么呢？答案很简单，现在就行动起来，依靠自己的知识和能力去救助那一双双充满求生欲望的双眼。我们从现在就要告诉自己：我们必须不断地完善，不断地坚持，因为我知道，这个世上有很多人都在期待着你的支援，认为你是他们坚守到最后的意义。

> 圣母院大学教育箴言：
> 　　有没有想到在这个世界上，平均几秒钟就要有人带着求生的渴望离开人世，而其中有很大一部分人在生前都有很多美好的梦想。

第八章
用自己的努力，完成别人的梦想

> 假如我们能够通过自己的努力去帮助他们解决生命的难题，花更多的时间给予他们关心和帮助，那么很多生命说不定就会因为我们所付出的爱而奇迹地留下来，或许我们也会因此而得享上天赐给的更多福分。因此，不管世间的哪个地域哪个角落，不分高低，没有贵贱，每一个生命都是宝贵的，为了维系生命的尊严，为了能够救赎更多的生命，从此扭转他们的命运，当下一切的努力和研究都是有必要的。

假如一定要格斗,也是为了最有意义的事

假如用心观察,每一个国家,每一个地区,都会时不时的爆发一些大大小小的战争,这些暴力的活动常常会导致很多无辜的生命离开人世,而亲人的突然离世也必然会带给爱他的家人无限悲痛和伤感。这时候我们最需要的就是维护和平的战士,而这些战士的努力会向我们诠释正义的价值。这一切都在不断地表达着这样一个真理,假如一定要格斗,也是为了那些最有意义的事。

战争绝对是这个世界上最为惨烈和残酷的事情,当矛盾彼此激化,人与人,国与国都开始彼此敌视,彼此争斗,而其中不在少数的人都会在突然之间面临生死的考验。很多手无寸铁的人会成为战争的牺牲品,他们会因此而妻离子散,家破人亡。

在这里我们不愿意过多地评论那些人与人之间的冲突和矛盾,因为生命就是这样脆弱。无端的争执和暴动,必然会让很多无辜的人深受其害。而事实上,这些矛盾常常来源于彼此的误解,且并不是不能用和平手段加以调节的。其实,人与人之间的格斗,往往不局限于力量方面的比拼,也是一种彼此仇恨的加剧。假如世间的每一个人心中的爱慢慢被过多的仇恨所取代,那么这个世界的未来势必将会越来越恐怖,也必然会有更多的人因为失去了人生最宝贵的东西而心怀仇恨参与到其中去,

第八章
用自己的努力，完成别人的梦想

这对于一个国家乃至世界范围内的政治局面都是相当不利的。

皮特是一名和平战士，他说近50年来哥伦比亚都充实着各种暴力活动，整个地区的上空逐渐被一种恐怖色彩所弥漫。这使得这里的人民越来越多地意识到和平对自己有多么重要，因此像皮特这样的年轻人开始行动起来，依仗自己和心怀和平信念的群体力量不断地寻求着缓解暴力争端的途径。他们主张和平建设，希望依仗这种方式减少人民和国家间的暴力活动。

在哥伦比亚有一个叫做莱恩迪亚的地方，这里是通向许多村庄的门户，人们聚集在一起是为了应对游击队，应对军事行为和国家军队的侵袭。他们直面武装力量，同时手无寸铁，这貌似已经成为一种应对暴力事件的创举。而圣母院大学的社会学家对这一现象进行了深入的思考，他们希望自己能够逐步增加对他们的了解，用总结出来的经验明白他们这样做的初衷，为哥伦比亚进入和平时代创造更多的可能性。

其实，对哥伦比亚暴力冲突表示不满的人很多，哥伦比亚首都波哥大的年轻人马里亚对此也深为感慨："我们的日子过得很艰难，一整代人都在暴力中长大，每个人都说要为商业服务，因为我们不能重新走现在的这条路，因为这条路真的太可怕了。"针对于诸如此类的暴力事件，圣母院大学开始致力于帮助哥伦比亚的社区和平解决冲突，其中以约翰教授的前瞻性的和平构建方法闻名于世，而当下他正在为维护哥伦比亚和平这一项目而不断努力。针对哥伦比亚当下的现状，约翰教授说："当下我们需要努力将课堂活动运用到现实中受到威胁的社区，我们有这项义务，后代也是。"

暴力冲突是一个社会现象，这种现象给身在那里的人民带来了相当严重的负面影响。当人与人之间，或人与国家之间产生了矛盾和分歧，

我们首先要做的，就是找到分歧的根本原因是什么，而这个根本原因又被经过了怎样的负面改造才造成了当下这样带有暴力色彩的矛盾冲突。当明白了这些事情以后，我们首先要做的就是采取行动，将这一根本原因加以调和，将矛盾进行妥善的化解。一旦主要矛盾被化解，其它的细节也随着国家与人民共同的努力而得到调和，和平就会慢慢取代暴力，成为一个国家焕然一新的起始标志。

在圣母院大学的师生看来，暴力冲突不论是对于一个人还是整个国家，乃至整个世界都将是一场浩劫。除了人们的生命财产安全受到了威胁，国家政局的不稳定必将直接影响到经济的发展。当这种现象日益明显，经济整体态势日渐低迷，整个民众的就业率就会降低，工资收入也会越来越不稳定，而这恰恰将人民对于国家的不满情绪进一步激化起来，成为民众与国家抗争的恶性循环的反映。而当一个国家在这一暴力不断状况下，整体的政治和经济，以及其周边国家的政治和经济也会因此而受到相当严重的影响。他们必须被迫接受难民逃亡者，为他们提供相应的援助，他们必须在两国边境扩充军备，以维护自己国家的安全，而这一切所要调拨的经费无疑也是一笔沉重的负担。而这个时候，由于周边国家与暴力冲突国家之间的连锁反应，世界整体经济也会因为这一大片范围内的国家运作不佳而受到相应的影响。最终国家与国家之间也因为一些利益原因产生分歧和矛盾，彼此增加了仇恨和不满情绪，而其结果很可能将延伸出更大规模的冲突和战争。

一件本来很小的事情，结果闹得整个世界都跟着受到影响，这怎么看都是没有必要的。如今，圣母院大学正在通过进一步的研究，找到引起国家内部冲突和国家与国家间冲突的主要原因，并不断寻求能有效解决这一问题的方法。他们不但努力去解决这一系列的社会矛盾，还有预

第八章
用自己的努力，完成别人的梦想

见性地发现了一些尚未出现的问题，除此之外他们还在不断地思考怎样在暴力冲突还没有到来之前将全部的争端进行有效的调节和解决。

尽管这个世界上矛盾和冲突是不可避免的，但是很多事情还是可以有效地加以调节的。和平需要更多人的参与和努力，假如我们一定要进行格斗，那么也一定是为了一些最有意义的事，它可以是良性的，可以有效地规避对更多无辜人的伤害，而最终将全局划分到一个和平的范围中去。作为一座历史悠久的世界名校，圣母院大学的师生仍然在对如何维护社会安定问题进行着不断的探索。他们仍然在为和平而努力奋斗，当然和平的理想还需要你我，乃至更多的人一同去奋斗、努力和参与。

> **圣母院大学教育箴言：**
>
> 人与人之间的格斗，往往不局限于力量方面的比拼，也是一种彼此仇恨的加剧。假如世间的每一个人心中的爱慢慢被过多的仇恨所取代，那么这个世界的未来势必将会越来越恐怖。尽管这个世界上矛盾和冲突是不可避免的，但是很多事情还是可以有效地加以调节的。和平需要更多人的参与和努力，假如我们一定要进行格斗，那么也一定是为了一些最有意义的事，它可以是良性的，可以有效地规避对更多无辜人的伤害，而最终将全局划分到一个和平的范围中去。

别人的笑容,就是我们付出的意义

世间上最美的表情是什么?或许很多人都会不约而同地回答:"是笑容。"笑容象征着喜悦,象征着对于未来的美好期待,当然也象征着对于上天的恩赐和别人帮助的感恩之心。假如我们能够依靠自己的努力共同维护这一世间最为完美的表情,那么我们自己的内心世界也必将渲染更为靓丽的色彩。不错!别人的笑容,就是我们付出的意义所在。

不管你走到哪里,即便是一个并不熟悉的地方,假如身边走过来的人都对你绽放笑容,那么无可非议,你必然会心情愉悦,一天的好心情就这样在莫名之间油然而生,你会觉得整个世界似乎都因为这一张张笑脸而充满了幸福的美感。的确,微笑象征着一个人对另一个人的善意和关怀,象征着其内心世界对于未来的期待和渴望,同时也象征着一种对于生活的满足和感恩。每一个人都渴望看到别人的笑容,因为笑容的背后往往是一种互敬的表现和没有敌意的好感。

然而,当我们在生活中感受着身边人的笑容之美的时候,或许很多人都没有意识到在世界范围内的很多地方,在那里生活的人们正因为经历着各种苦楚而眉头紧锁。他们因为每天都在经历着病痛和贫穷的考验而失去微笑的力量。他们常常会突然间体会到失去家人的痛苦,常常会

第八章
用自己的努力，完成别人的梦想

有人因为无钱医治疾患而被亲人遗弃，在自生自灭的流浪中成为别人眼中的怪物。在那些我们不知道的角落，很多人都在忍受着诸多疑难病症的折磨，甚至就连身边的人也认为他们的人生不会再有任何希望。还有一些人，或许他们就生活在我们的四周，因为突发性的灾难，而导致他们面目皆非，他们在自卑中度日如年，不敢暴露自己的脸，不敢穿上漂亮的泳衣躺在沙滩上像别人一样沐浴阳光。他们很多人在家中绝望彷徨，找不到走出内心悲苦的方法，而这一切的伤感最终击败了他们渴望幸福的期待，而在时间的摧残和洗礼下一点一点地摧残着他们的内心，剥夺了他们脸上的笑容。

在圣母院大学师生看来，每个人都应该有绽放笑容的权利，假如有谁失去了昔日的笑容，那么他身边的人就一定有义务帮助他们把笑容重新找回来。由于受到宗教的影响，圣母院大学的师生始终坚信，每个人来到这个世界上是平等的，每一个人都是造物主的孩子，因此不管我们身在哪里都应该互敬互爱，都应该彼此帮助，都应该努力维护彼此的幸福与期待。

海地是世界上最穷的国家之一，这里集中了世界上近5%的最穷困人口。由于这个地方水源紧缺，垃圾处理设施不完善，导致卫生安全面临相当大的考验，再加上这里医疗技术落后，所以瘟疫、感染等多种疾病在这里肆意蔓延，在这个地方，常常有人会因为沾染上各种疾病且得不到有效的治疗而离开人世。针对这个问题，圣母院大学对其给予了高度的关注，他们总是想要为这些无辜的生命做点什么，从而有效地解决困扰当地人民健康问题。

圣母院大学的学生泰勒今年21岁，来自奥斯丁，他曾经在那个贫

困的地方见证了很多人悲惨的命运。在当地很多人都染上了一种叫做橡皮病的可怕病症，这种病对于人体的伤害相当恶劣，人们不成比例地全身肿胀，被细菌感染，被家人遗弃，最终变得像怪物一样流落街头，慢慢耗尽生命的最后一滴血。

在自己大三的时候，泰勒在那里度过了自己整整一个暑假，和淋巴丝虫病打了很长时间的交道。他说："要想治愈这种病，首先就要先检查出来谁患了这种病。"在那里的几周，泰勒通过他的研究和爱心帮助当地的居民，尽自己所能地改善他们的现状，自1997年以来圣母院大学与盖茨基金会合作，致力于消除橡皮病的研究和救治。在教父托马斯的领导下，海地项目如今每年已经治疗了近130万人，是世界上最重要的橡皮病项目。通过圣母院大学师生的研究和探索，目前这种传染病的传染链已经被破坏。

尽管整个世界进入了和平阶段，但地球上仍然有不在少数的人每时每刻都在面临着极大的生死考验。由于贫穷他们不知道如何维系自己的生计，由于疾病他们对于自己的未来开始一点一点地陷入绝望。因为没有钱给亲人看病，他们每天都在担惊受怕，担心自己挚爱的亲人会不会突然永远地离开自己。由此看来，这个世界上仍然有很多人难以绽放笑容，仍然有很多人在守着眼泪度日，仍然会有很多人不知道自己的明天是生还是死。他们需要别人的帮助，需要爱的力量，需要很多掌握良好专业技术的人帮助他们有效地解决当下的问题，而圣母院大学的师生们可以说是最先行动起来的这批人之一。

长时间以来，他们依靠着良好的教育和强大的科研探索精神，培育出了很多富有时代责任精神的专业人才，他们致力于社会的各个行业，

第八章
用自己的努力，完成别人的梦想

不断地为身边的人解决问题，创造希望和未来。以医学研究来说，圣母院大学每年都会培养出很多优秀的医学人才，他们在教授的带领下，不断地为世界各地需要帮助的人提供力所能及的公益救治服务。每当他们看到那些需要帮助者的期待眼神，心中就会产生一种被信赖感和责任感，而这一切也在整个过程中激励着他们不断地去探索能够帮助他们挽回生命的可靠方法。他们利用专业知识，阻断疾患的源头，尽可能地抑制和消除这些罪恶疾病的源头，使那些需要帮助的人得到有效的治愈，且能够有效地提高自己的生活质量。一位圣母院大学的教授曾经这样说道："疾病的救治对于生命很重要，所以我才会将其作为自己的研究对象，我希望我的研究能够帮助更多受苦的人，使他们能像我们一样绽放笑容。"

如果要问这个世界上什么最可贵，圣母院大学的师生肯定会告诉你："世界上最可贵的东西就是生命和爱。"如今他们用爱经营着自己的职责，用爱帮助着这个世界上一切需要帮助的人，在他们看来，假如自己的努力可以让更多的人找回笑容，那么一切的付出都是有意义的。

圣母院大学教育箴言：

尽管整个世界进入了和平阶段，但地球上仍然有不在少数的人每时每刻都在面临着极大的生死考验。因此，当我们享受自身的美好幸福生活的同时，我们仍然不要忘记有很多人脸上至今都难以绽放笑容，他们每天都在守着眼泪度日，因为他们不确定自己的明天究竟是生还是死。他们需要别人的帮助，需要爱的力量，需要很多

掌握良好专业技术的人帮助他们有效地解决当下的问题。尽管每个人的力量有限，但至少我们可以成为率先付出行动的先行力量。